数学フリーの
高分子化学

齋藤勝裕 — 著

はじめに

　『数学フリーの化学』シリーズ第四弾の『数学フリーの高分子化学』をお届けします。

　本シリーズはその標題のとおり『数学フリー』すなわち、数学を用いない、数学が出てこない化学の解説書です。化学は科学の一種です。科学の共通言語は数学です。科学では複雑な現象の解析、その結果の記述を数学、数式を用いて行います。化学も同様です。

　しかし、化学には化学独特の解析、表現手段があります。それが化学式です。化学式とそれを解説する文章があれば、数式を用いた解説と同等の内容を表現することができます。本書はこのような化学の特殊性を最大限に生かして、数学なしで化学の全てを解説しようとする画期的な本です。

　『高分子化学』が扱う分子の多くは有機化合物です。したがって、「有機化学」はもともと数学とは無縁の分野なのだから、「高分子化学」もことさらに仰々しく「数学フリー」などと強調することもあるまい、とお思いになる方もいるでしょう。確かにそうかもしれません。しかし、有機化学も「高校化学」で扱う範囲ならともかく、現代の有機化学を理解するためには量子化学に裏打ちされた分子軌道法の理解が必要です。

　さらに、「高分子化学」は有機化合物による有機化学反応だけで成り立っているわけではありません。「高分子化学」では高分子という物質の物性が大きな研究テーマとなります。この分野の研究は化学というよりは物理に近い分野になります。当然、この分野を理解し、研究を行うためには力学、電磁気学等の数学的な素養が必要になります。現に、書店の書棚に並ぶ高分子物性の本を開いて見ればおわかりのとおり、そこには微分、積分の記号が目白押しです。

　本書は、高分子といわれる分子の結合、構造、合成法から、その力学的、電磁気的物性、更には機能性高分子と呼ばれる現代の最先端を行く特殊高分子までをも紹介しようというものです。そのためには本来ならば、高等数学に裏打ちされた力学、電磁気学、分子軌道法の知識が欲しいところです。

　本書の標題を『数学フリーの高分子化学』としたのは、数学の助けを借りることなしに基礎から最先端の高分子化学を紹介したということを強調したいためなのです。

本書を読むのに高分子化学の基礎知識は一切必要ありません。必要なことは全て本書の中に書いてあります。みなさんは本書に導かれるままに読み進んでください。ご自分で気づかないうちにモノスゴイ知識が溜まってくるはずです。そしてきっと「高分子化学は面白い」と思われるでしょう。それこそが、著者の望外な喜びです。

　最後に本書の作製に並々ならぬ努力を払って下さった日刊工業新聞社の鈴木徹氏、並びに参考にさせて頂いた書籍の出版社、著者に感謝申し上げます。

2016年10月　齋藤　勝裕

数学フリーの「高分子化学」 目次

はじめに

第1章 活躍する高分子 001

- 1-1 高分子とは 002
- 1-2 家庭で活躍する高分子 004
- 1-3 社会で活躍する高分子 006
- 1-4 産業で活躍する高分子 008
- 1-5 医療で活躍する高分子 010

第2章 低分子と高分子 013

- 2-1 分子とは？ 014
- 2-2 原子の結合 016
- 2-3 高分子と超分子 018
- 2-4 熱可塑性樹脂 020
- 2-5 熱硬化性樹脂 022
- 2-6 高分子の種類 024

第3章 高分子の構造 027

- 3-1 一種類の単位分子からなる熱可塑性高分子 028
- 3-2 ポリエチレン誘導体 030
- 3-3 複数種類の単位分子からなる熱可塑性高分子 032
- 3-4 熱可塑性高分子の集合体 034
- 3-5 熱可塑性高分子の立体構造 036

iii

3-6 熱硬化性高分子の構造　038

第4章　高分子の合成法　041

4-1 高分子合成反応の種類　042

コラム 最初の合成高分子　043

4-2 連鎖重合反応　044

4-3 リビング重合反応　046

4-4 共重合反応　048

4-5 逐次重合反応　050

4-6 熱硬化性樹脂の合成反応　052

第5章　高分子の物理的性質　055

5-1 分子量と物性　056

5-2 弾性変形　058

5-3 粘弾性　060

5-4 熱特性　062

5-5 光特性　064

5-6 電気特性　066

第6章　高分子の化学的性質　069

6-1 溶解性　070

6-2 耐薬品性　072

6-3 耐熱性と難燃性　074

6-4 化学反応性　076

6-5 高分子の改質　078

第7章　材料としての高分子　081

7-1 天然ゴムの構造と弾性　082

7-2 合成ゴムの種類と性質　084

7-3 合成繊維の種類と性質　086

7-4	汎用樹脂の種類と性質	088
7-5	工業用樹脂の種類と性質	090
7-6	無機高分子	092
7-7	複合材料	094

第8章 生体を作る高分子 097

8-1	多糖類	098
8-2	多糖類の立体構造	100
コラム	サプリメントとしての多糖類	101
8-3	タンパク質	102
8-4	タンパク質の立体構造	104
8-5	DNA	106
8-6	DNA の機能	108

第9章 機能性高分子 111

9-1	高吸水性高分子	112
9-2	導電性高分子	114
9-3	形状記憶樹脂	116
9-4	光硬化性樹脂	118
9-5	イオン交換高分子	120
9-6	接着剤	122

第10章 環境と高分子 125

10-1	高分子と環境問題	126
10-2	生分解性高分子	128
コラム	石油の起源	129
10-3	環境保全と高分子	130
10-4	エネルギーと天然高分子	132
10-5	エネルギーと合成高分子	134
10-6	3R と高分子	136

第1章
活躍する高分子

植物も動物も、その多くは天然の高分子でできています。現代ではこれに合成高分子が加わり、その結果、社会を構成するものの大部分が高分子になっています。

1-1 高分子とは

本書は「高分子」について解説する書籍です。多くの方は本書はプラスチックについて解説する本と思われたのではないでしょうか？それは間違いではありません。それではなぜ、本書の書名を『数学フリーのプラスチック化学』としなかったのでしょうか？

1 高分子の定義

高分子というのは、もともとは「分子量の高い（大きい）分子」という意味です。分子量というのは、分子を構成する原子の持つ原子量（図1）の総和のことをいいます。つまり、分子を構成する原子の個数が大きく、しかもその原子の原子量が大きければ大きいほど、分子量は大きくなります。

普通の分子の分子量はせいぜい数百です。それに対して高分子は数十万です。要するに高分子とは、もともとは巨大な分子のことをいったのです。

2 プラスチックとは

プラスチックは和訳すると「合成樹脂」です。樹脂というのは、植物が分泌する粘性の有機物であり、松脂がわかりやすい例です。つまり、普段は固体ですが、暖めると軟らかくなって、形態を自由に変えることができます（熱可塑性）。松脂は天然の樹脂ですが、この類似品で人工的に作られたものが合成樹脂、プラスチックなのです。

ところが、樹脂を調べると、分子量が大変に大きいことがわかりました。つまり、プラスチックは高分子の一種だったのです。それだけではありません。セルロースも、それを主成分とする植物性繊維も分子量の大きい高分子でした。調べるとタンパク質も、それを原料とする羊毛や絹などの動物性繊維も、またゴムも高分子でした。

現在では、多くの物質が高分子であることがわかっています。つまり、プラスチック、繊維、ゴムなどは高分子の一種なのです。したがって、プラスチックだけではなく、繊維もゴムも、その他の類似物質も、一緒にして扱うとなると、その分野の名前は最小公倍数である『高分子化学』ということになります。

つまり、「高分子」はプラスチックを中心として、繊維、ゴム、機能性高分子など、多くの物質を包含することになります。

第1章 活躍する高分子

図1　それぞれの原子の原子量

元素名	水素	炭素	窒素	酸素	フッ素	塩素	ウラン
元素記号	H	C	N	O	F	Cl	U
原子量	1	12	14	16	19	35.5	238

図2　普通の分子と高分子の違い

普通の分子
- H_2O ：水 ：分子量 $= 1 \times 2 + 16 = 18$
- $H_2C=CH_2$ ：エチレン ：分子量 $= 1 \times 4 + 12 \times 2 = 28$
- （ベンゼン環）：ベンゼン ：分子量 $= 1 \times 6 + 12 \times 6 = 78$

高分子
- $H\!-\!(CH_2-CH_2)_n\!-\!H$ ：ポリエチレン：分子量 $= 1 \times$ 数千 $+ 12 \times$ 数千 $=$ 数万
- $n =$ 数千～数万

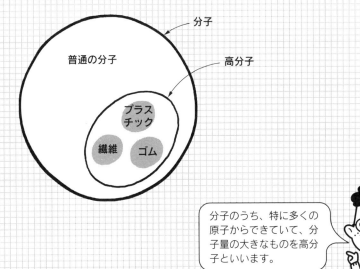

分子のうち、特に多くの原子からできていて、分子量の大きなものを高分子といいます。

ポイント
- ●高分子とは分子量の大きい、つまり巨大な分子のことをいう。
- ●プラスチックは合成樹脂であり、熱可塑性である。
- ●高分子とはプラスチック、繊維、ゴムなどの総称である。

003

家庭で活躍する高分子

1-2

現代ではプラスチックのない家庭は考えられません。しかしプラスチックは高分子の一種に過ぎません。家庭にはプラスチック以外にも多くの高分子が存在します。

1 プラスチック

　私たちはプラスチックに囲まれて生活しています。机の上はプラスチックだらけです。ボールペンの軸、定規、消しゴム、修正テープ、みなプラスチックです。パソコンのボディはプラスチックですし、携帯やテレビやクーラーなどの家電製品のボディはほとんど全てがプラスチックです。飲み物の入ったペットボトルもプラスチックです。

　それだけではありません。マンションなら、柱も壁も天井も、ほとんどの部分はコンクリートや合板にプラスチックのフィルムを貼ったものになっています。畳もプラスチックの芯に天然繊維のイグサで編んだ畳表を張ったものであることが多いようです。

2 繊維

　私たちが身につける衣服の多くは合成繊維、すなわち高分子製です。学生時代に着た学生服の繊維はテトロン®でした。これはペットと同じ高分子です。スカートの裏地はポリエステルといわれるペットと同じ高分子製であることが多いようです。

　窓にかかるカーテンもほとんどは合成繊維です。火事になっても燃えにくい難燃性を考えると、機能面では天然繊維より合成繊維の方が優れているのです。

3 機能性高分子

　かつての高分子は変形しない固体であり、多くはバケツやオカズ入れなどの容器に使われました。しかし現在では違います。高分子は機能を手に入れたのです。

　紙オムツなどに利用されるのは高吸水性高分子という高分子です。また、ブラジャーのカップの形を保ち続けるのは形状記憶高分子という高分子です。このように、高分子は進歩し続けているのです。

第1章 活躍する高分子

図　家の中は高分子でいっぱい

この絵の中で高分子ではないものを探して下さい。見つかりましたか？実は、飲料以外は全て高分子の可能性がありますよ。

- ●ボールペンの軸、消しゴムなど、机の上は高分子だらけである。
- ●家電製品のボディ、家屋内装材も多くは高分子である。
- ●紙オムツ、ブラジャーのワイヤーなどは機能性高分子である。

005

1-3 社会で活躍する高分子

高分子は現代社会のあらゆる面に浸透し、社会を支えています。社会の機械的構造面だけではありません。食物も、私たち生命体までもが高分子でできているのです。

1 情報交換

現代社会は情報社会です。社会のあらゆる活動は情報交換を通してあらゆる面と連動しています。一個の動きは、水面に落とした石の起こす波紋のように、あらゆる面に影響を与えます。

現代社会の情報は磁気によって担われています。しかし、その磁気を支えているのは高分子です。磁性素子の本体は高分子製です。そこにわずかばかりの金属を含む磁性分子が塗布されているのです。高分子がなかったらどうなるでしょう？素子の本体を何で作ればよいのでしょう？金属？ガラス？磁器？木製？紙？しかし、木も紙も広い意味では高分子です。

2 複写紙

以前は複写を取るときは、紙の間に裏側に炭素粉を塗った黒いカーボン紙を用いました。しかし現在では白い紙を重ねるだけです。上の紙に書いた文字は下の紙にも黒く書かれます。どういうことでしょう？

これは、上の紙の裏側と下の紙の表面にマイクロカプセルが塗ってあり、それぞれに試薬 A と B が入っているのです。両方を重ねて鉛筆で書くと、両方のマイクロカプセルが潰れて試薬が漏れだし、その結果 A＋B＝黒という化学反応が起こったせいなのです。

マイクロカプセルは高分子製です。高分子はこのような気づきにくいところにも応用されているのです。

3 ATM

ATM では、画面を指で押さえると必要な情報が発信されます。これは画面が電極になっており、特定個所を指で押さえることで特定の情報がインプットされるのです。このようなことが可能なのは、画面が導電性高分子でできているからです。

かつて有機物、すなわちプラスチックは電気を通さないといわれました。しかし、有機化学、高分子化学はその進歩発展の勢いを緩めません。現在では磁石に吸いつく高分子も開発されています。

第1章 活躍する高分子

図1 複写機に使われているマイクロカプセル

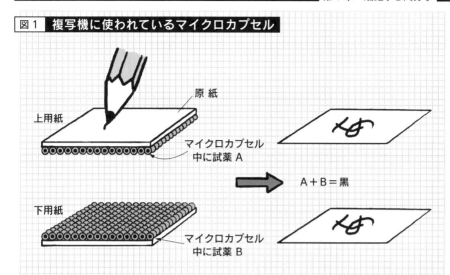

図2 ATMに使われているタッチパネル

高分子（人間）が高分子を操っていると考えるとなにやらSF的ではないでしょうか？

ポイント
- 現代社会は磁気による情報社会だが、それを支えるのは高分子である。
- 複写紙は高分子でできたマイクロカプセルによるものである。
- 導電性高分子はATMなど多くの分野で用いられている。

007

産業で活躍する高分子

1-4

高分子は自動車、船舶、航空機産業などの工業はもちろん、漁業、農業などの産業面でも活躍しています。漁業や農業では高分子の道具を使って高分子の魚や野菜を育てているのです。

1 漁業

　漁業といえば漁網ですが、漁網のロープはナイロン繊維です。はえ縄などのロープはもちろん、船の係留などに使うロープも高分子からなる合成繊維です。

　それだけではありません、小型の船舶の船体はグラスウールで作られていますが、これは後に見る複合素材であり、ガラスでつくった細いガラス繊維をプラスチックで固めたものです。

2 農業

　かつて農業は情緒あふれる田園産業でしたが、現在の農業は最先端技術と設備、器具を駆使したものに変貌し、土壌と植物を対象にした工業の観があります。ビニールハウスは塩化ビニールなどのプラスチックシートで覆われています。かつて金属性だった農具の多くは軽くて丈夫なプラスチック製に置き換わっています。

　さらに、あぜ道の内部には発泡ポリスチレンが埋められ、用水路のコンクリートには細かいヒビから水が漏れることのないよう、プラスチック繊維を混ぜることもあります。

3 工業

　プラスチックの種類の一つとして使われるエンプラというのは、エンジニアリングプラスチック、すなわち工業用プラスチックことです。このような言葉が生まれるほど、プラスチックが使われているのです。

　工業でプラスチックが使われる条件は過酷です。歯車は休むことなく擦り合わされて摩耗します。エンジン回りの部品は何百℃もの高温に晒されます。エンプラはこのような条件に耐えるように設計製作されたプラスチックです。つまり、金属と同程度の機械的強度、耐熱性があるのです。現在では多くの機械部品がプラスチックで作られています。防弾チョッキまでがプラスチックでできているのです。

008

第1章 活躍する高分子

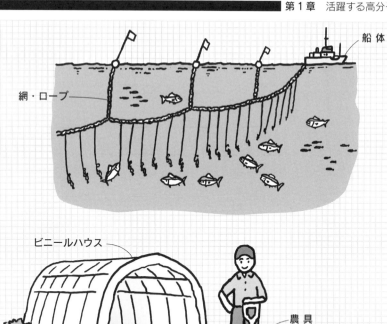

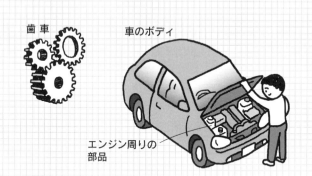

昔は天然繊維や金属が使われた多くのものが、今では合成樹脂、つまり合成高分子に置き換わっています。

- ●漁業のロープ、網、船体などは高分子製である。
- ●農業のビニールハウス、農具の多くは高分子製である。
- ●機械部品の多くは耐熱性、機会強度に優れたエンプラ製である。

009

1-5 医療で活躍する高分子

後に見るように、生体の多くの部分は天然高分子といわれる高分子でできています。そのため、生体の欠損部分、あるいは故障部分は合成高分子つまりプラスチックで補うのが合理的なのです。

1 体外パーツ

眼鏡のレンズはガラスからプラスチックに代わってきました。軽いうえに屈折率もガラス並みに大きくなり、薄型のレンズも作れるようになりました。コンタクトレンズもほとんど全てがプラスチック製です。義歯も、保険対応のものはほとんどが高分子製となっています。義毛や義肢も特別のことがなければプラスチック製です。

2 内臓パーツ

内臓手術で用いる縫合糸は、心臓などの機械的負担が掛かるところを除けば、多くは特別の高分子、生分解性高分子でできています。これは一定期間を過ぎると分解してしまいます。そのため、抜糸のための手術が不必要になり、患者の負担が軽減します。

血管も高分子製の物が普及しています。これは合成繊維を編んで作ったチューブにコラーゲンなどの天然高分子（タンパク質）を付着させたもので、一種の複合材料といえるでしょう。

また、腎臓疾患患者の行う人工透析において血液が流れるチューブも高分子製になっています。

3 医療の将来

骨格と水分を除けば人体の主要成分は有機物です。そしてまたその主要成分はタンパク質、糖類、DNAなどの天然高分子、および後に見る超分子です。天然高分子、超分子に不都合が生じた場合、それを補うのは合成高分子、超分子です。プラスチックの出番はこれからも増え続けることでしょう。

特に現在では金属が用いられている骨格補修部分は、軽くて丈夫で摩擦が少なく、しかも生体親和性の高いプラスチックに置き換わっていくことでしょう。

第1章 活躍する高分子

図　人の体の多くはプラスチックでできている

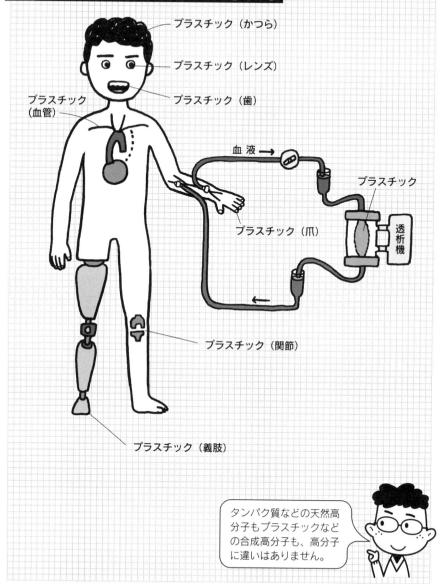

タンパク質などの天然高分子もプラスチックなどの合成高分子も、高分子に違いはありません。

- 天然高分子の人体を補うのは合成高分子のプラスチックである。
- 人工血管は合成繊維と天然高分子からなる複合材料である。
- プラスチックには丈夫で摩擦が少なく人体親和性の高いものがある。

011

第2章
低分子と高分子

低分子は分子量の小さい普通の分子、それに対して高分子は分子量の大きい巨大分子です。しかし高分子は簡単な構造の低分子がものすごくたくさんつながってできたものなのです。

2-1

分子とは？

本書は高分子について解説する書籍です。高分子とは分子量の大きな分子であるといいましたが、それでは分子とは何でしょうか？また、原子と分子の関係はどうなっているのでしょうか？

１ 原子と分子

水や砂糖のような純粋な物質を細かく分けていったときに、最後に辿りつく最小の粒子で、その物質の性質を残している粒子のことを分子といいます。しかし、実は分子を更に分割することもできます。このように分子を構成している粒子を原子といいます。しかし、原子はその物質の性質を残してはいません。元の物質の性質を残している（分子）か、残していない（原子）か、それが分子と原子の違いです（図１）。

水の分子は１個の酸素原子 O と２個の水素原子 H からできています。これを H_2O という記号（式）で表して、このような式を分子式といいます。しかし、水の分子式を見ても、３個の原子が H–O–H と並んでいるのか、それとも H–H–O と並んでいるのかはわかりません。そこで実際の並び順を書いた H–O–H を構造式といいます（図２）。

２ 分子の大きさ

分子には大きいものも小さいものもあります。最も小さいものは最小の原子である水素原子２個からできた水素分子 H_2 です（図３）。形は回転楕円体、ラグビーボールのようなものと思ってよいでしょう。

最大の分子はハッキリとはしませんが、DNA は最大クラスの分子でしょう。これは何億個という膨大な個数の原子からできた長大な分子です。人間の場合、１個の染色体に入っている１本の DNA の長さは10cm 程度にもなります。

DNA は天然高分子の一種であり、要するに高分子です。本書で主に扱う合成高分子も高分子ですから、DNA ほどではないにしても、長大な分子であることに違いはありません。ポリエチレンでは炭素が１万個程度繋がります。

したがって、高分子の分子の形は毛糸、あるいは鎖のようなものと思ってよいでしょう。実は高分子は簡単な単位分子が何個も繋がった、簡単な構造の分子なのです。

014

第 2 章　低分子と高分子

図1　原子と分子の違い

図2　分子式と構造式

	分子式	構造式
水	H_2O	H－O－H
メタン	CH_4	H－C－H の構造（上下にH）

図3　最も小さい分子は水素分子

(H－H) 水素分子

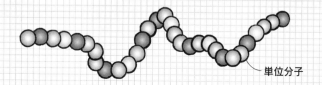

単位分子

高分子（鎖状、毛糸状）

高分子は同じ構造の単位分子が何個も結合してつながったものです。

ポイント
- 分子は物質の性質を残した最小の粒子である。
- 原子は分子を構成する粒子であり、物質の性質は持たない。
- 高分子は多くの単位分子が連なったもので、鎖のような形である。

2-2 原子の結合

複数個の原子が結合してできた構造体を分子といい、複数種類の原子が結合したものを特に化合物ということがあります。つまり、化合物は分子の一種類なのです。

1 化学結合

一般にいう高分子は有機物の一種です。有機物を構成する主な原子は炭素 C と水素 H であり、その他に少量の酸素 O、窒素 N、フッ素 F、塩素 Cl などが加わります。

原子は互いに結合して分子を作ります。結合には幾つかの種類がありますが、有機物では原子は共有結合によって結合します。共有結合というのは、結合する 2 個の原子が互いに 1 個ずつの電子を出し合い、その電子を共有することによって成立する結合です。この電子を結合電子といいます（図 1）。

共有結合は 2 個の原子の握手による結合にたとえられることがありますが、この際の"手"に相当するのが、原子の持つ価電子、結合手です。

2 結合の本数

水素のように、価電子を 1 個しか持っていなければ握手は 1 本しかできません。しかし、酸素のように 2 個持っていれば 2 本の握手、すなわち 2 本の結合を作ることができます。いくつかの原子について結合の本数を表 1 にまとめました。

炭素は 4 個の価電子を持っているので 4 本の結合を作ることができます。この 4 本の手は正四面体の頂点方向を向くように配置されます。その形は波消しブロックのテトラポッドのようです。

共有結合にはいくつかの種類があります。一重結合、二重結合、三重結合などであり、それぞれ 1 本、2 本、3 本の握手による結合です。炭素の場合には① 4 本の一重結合、② 1 本の二重結合 + 2 本の一重結合、③ 1 本の三重結合 + 1 本の一重結合、④ 2 本の二重結合という四種類の組み合わせの結合を作ることができます。

①～③の場合の結合の様子を模式図（図 2）に示しました。二重結合では 6 個の原子全てが同一平面上に並び、分子が平面形になります。

016

第2章 低分子と高分子

図1 共有結合

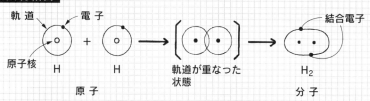

表1 結合の本数

原子	H	C	N	O	F	Cl
本数	1	4	3	2	1	1

図2 結合の模式図

①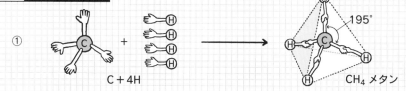
C + 4H　　　　CH₄ メタン

②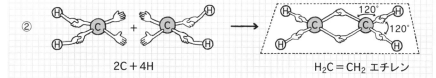
2C + 4H　　　　H₂C＝CH₂ エチレン

③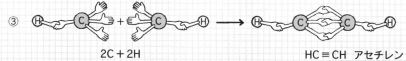
2C + 2H　　　　HC≡CH アセチレン

メタンは正四面体形、エチレンは平面形、アセチレンは直線形、これは非常に重要なことです。

ポイント
- 一般の高分子は有機物であり、C、H、O、Cl 等の原子からなる。
- 高分子を作る結合は、結合電子を共有する共有結合である。
- 原子が作ることのできる共有結合の本数は価電子の数と同じである

017

高分子と超分子

2-3

高分子は多くの単位分子が結合してできた巨大分子です。同じようなものに超分子があります。二つの間には大きな違いがあります。両者はどのように違うのでしょう。

1 高分子

化学者が高分子の研究を始めた1900年代初頭、高分子の構造に関して大きな論争が起こりました。論争といっても、両陣営はドイツの化学者シュタウディンガー（図1）対その他全ての化学者、というものでした。

多くの化学者は、高分子は「たくさんの単位分子が単に集合した」ものに過ぎない、と考えていました。それに対してシュタウディンガーは、「（高分子を構成する）単位分子は互いに共有結合によって強固に結合している」と主張したのです。

シュタウディンガーは精力的に実験、研究し、自分の主張を裏づける証拠を次々と発見し、学会に報告しました。その結果、ついにシュタウディンガーの主張が正しいと認められました。彼はこの功績によって1953年にノーベル賞を受賞しました。そして今日でも「高分子の父」として尊敬されています。

2 超分子

それでは、シュタウディンガー以外の化学者の主張はまったく根拠のない間違いだったのでしょうか？ 実はそうともいえないのです。彼らの主張のように、「たくさんの単位分子が単に集合した」ものもあるのです。

しかし、単に集合したとはいうものの、これら分子の間には結合よりは弱いもののある種の引力、分子間力が働いています。このような分子集団を現在は超分子と呼びます。超分子は身の回りにたくさんあります。わかりやすいのはシャボン玉です。これはセッケン分子がたくさん集まって膜になり、袋を形成したのです。同じような膜に細胞膜があります。これもリン脂質という単位分子からできた膜です。

DNAは二重らせん構造で知られていますが、これも2本のDNA分子が分子間力（水素結合）で互いに引き合った超分子です。1本のDNA分子は高分子ですから、二重らせん構造は高分子の作った超分子ということができるでしょう。

第2章　低分子と高分子

図1　ヘルマン・シュタウディンガー

図2　高分子と超分子

図3　DNAの構造

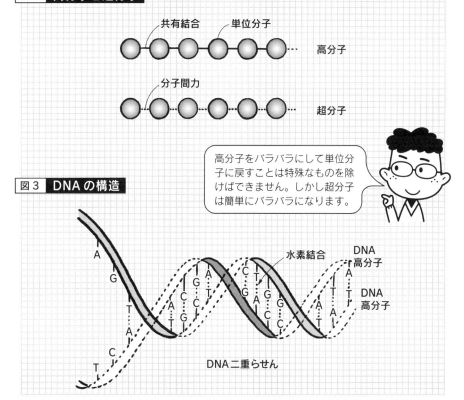

高分子をバラバラにして単位分子に戻すことは特殊なものを除けばできません。しかし超分子は簡単にバラバラになります。

ポイント
- 高分子はたくさんの単位分子が共有結合で強く結合したものである。
- 超分子はたくさんの単位分子が分子間力で弱く結合したものである。
- DNAの二重らせん構造は2個の高分子からできた超分子である。

019

2-4 熱可塑性樹脂

高分子には多くの種類がありますが、大きく分けると熱可塑性樹脂（高分子）と熱硬化性樹脂（高分子）に二別されます。この二種類はまったく異なる高分子といってもよいでしょう。

1 熱可塑性樹脂の性質

　ポリエチレン、ビニール、ナイロン、ペットなど、私たちが馴染んでいるプラスチックや合成繊維は、ほとんど全てが熱可塑性樹脂です。この樹脂の最大の特徴は、加熱すると軟らかくなるということです。プラスチックの和訳は合成樹脂ですが、樹脂とはもともと加熱すると軟らかくなるものですから、プラスチックが高温で軟らかくなるのは当然です（図1）。

　熱可塑性樹脂を分子構造から見た場合の特徴は、分子が長い鎖状だということです。つまり、本書でこれまでに述べてきたことはほとんど全てが熱可塑性樹脂のことだったのです。熱可塑性樹脂はそれほど一般的な高分子なのです。

2 熱可塑性樹脂の成型

　熱可塑性樹脂の大きな長所は、成型が容易ということです。温めれば軟らかくなり、冷たくなれば固まるのですから簡単です。加熱して液体状になった高分子を型に入れて室温に戻せばできあがりです。成型法には二種類あります。

・射出成型

　液体状のプラスチックをプランジャーに入れ、金型に注入します。金型はオス型とメス型の組み合わせでできており、その隙間にプラスチックが入ります。冷却した後に金型を分解すれば完成です。問題は正確な金型を作ることであり、日本はこの面の技術で優れているといわれます。

・吹き込み成形

　ブロー成型ともいわれます。その名前のとおり風船を膨らませるような製法です。チューブの先に熔融プラスチックをつけ、金型の中で膨らませるのです。プラスチックは金型に沿って膨らみます。この方法では、金型はメス型しか必要ありません。ボトルやタンクなど中空の容器を作るのに便利な方法です。

第2章 低分子と高分子

図1 熱可塑性樹脂

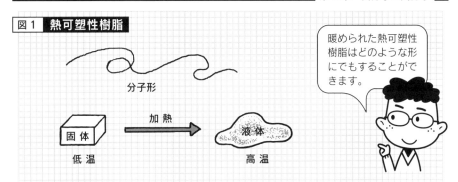

暖められた熱可塑性樹脂はどのような形にでもすることができます。

図2 射出成型

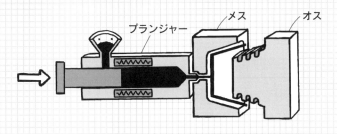

図3 吹き込み成形

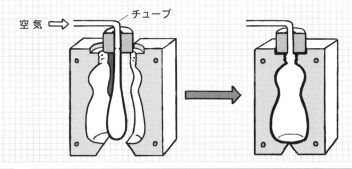

- 一般的な高分子、プラスチックは熱可塑性樹脂である。
- 熱可塑性樹脂の分子は鎖状であり、加熱すると軟らかくなる。
- 熱可塑性樹脂の成型法には射出成型とブロー成型がある。

021

2-5 熱硬化性樹脂

加熱しても軟らかくならない高分子を熱硬化性樹脂といいます。熱硬化性樹脂は木材のようなものです。いくら加熱しても軟らかくなりません。焦げるだけです。

1 熱硬化性樹脂の性質

　透明なプラスチックでできた冷水専用のコップに熱いお茶を入れると、コップがグニャグニャして驚くことがあります。これは熱可塑性樹脂でできているからです。ところが、プラスチック製のお椀に熱い味噌汁を入れても決して軟らかくなることはありません。これが熱硬化性樹脂なのです。

　このため、研究者の中には熱硬化性樹脂はプラスチック（合成樹脂）ではないという人もいます。確かにそのとおりかもしれませんが、一般にはプラスチックでとおっているようです。

　熱硬化性樹脂はいくら加熱しても軟らかくなりません。無理に加熱すると木材と同じように、軟らかくはならずに黒く焦げてきます。最終的には燃えてしまいます。このような特徴を生かして、熱硬化性樹脂はお椀や鍋の柄などの調理器具、電気のコンセント、あるいはグラスウールなどを固めるマトリックス剤などに使われます。

　熱硬化性樹脂の単位分子は各分子が3本の結合を作ります。この結果、高分子全体の構造は三次元の網目構造になっています（架橋結合）。したがって、まるで製品一個が一個の巨大分子というような趣になっているのです（図1）。

2 熱硬化性樹脂の成型

　熱硬化性樹脂は加熱しても軟らかくなりません。どのようにして成型するのでしょう？木材のように切ったり削ったりするのでしょうか？

　実は、熱硬化性樹脂といえども、その原料状態、あるいは反応途中の状態では固まっていません。このような状態の樹脂、つまり赤ちゃん状態の熱硬化性樹脂を金型に入れ、その中で加熱して樹脂を完成させるのです。この状態で金型から取り出せば完成というわけです。

　これは人形焼やお煎餅を焼くのと似ています。ドロドロの小麦粉の溶液を型に入れて焼き上げれば、パリパリのお煎餅のできあがりです。いくら加熱してもお煎餅は軟らかくなりません。焦げて燃え出すだけです。

022

第2章 低分子と高分子

図1 熱硬化性樹脂の架橋結合

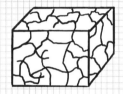

1個の固体が
1個の分子のような趣

熱可塑性高分子は多くの毛糸状分子の集合体です。しかし、熱硬化性高分子では製品全体がただ1個の分子からできているのです。

図2 熱硬化性樹脂は溶けずに燃える

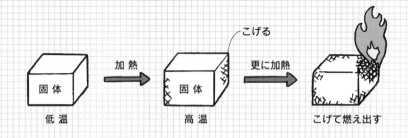

図3 熱硬化性樹脂は原料を加熱して作る

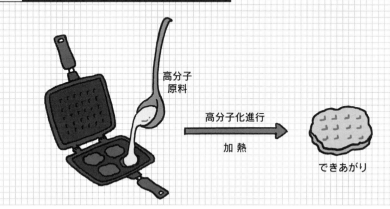

- ●熱硬化性樹脂を加熱しても軟らかくならず、燃えてしまう。
- ●熱硬化性樹脂の分子構造は製品全体にわたる三次元網目構造である。
- ●熱硬化性樹脂の成型は煎餅焼の要領である。

2-6 高分子の種類

高分子には多くの種類があります。前節で高分子は熱可塑性樹脂と熱硬化性樹脂の二つに大別されることを見ましたが、それぞれは更に細かく分類することができます。

◪ 高分子の分類

高分子には多くの種類があり、各種の分類法があります。図1はできるだけ単純にスッキリするようにまとめたものです。まず、自然界に存在する天然高分子と、人間が人為的に作りだした合成高分子に分けることができます。

・天然高分子

天然高分子には後の章に見るように、デンプン、セルロースのように単糖類を単位分子とする多糖類、アミノ酸を単位分子とするタンパク質、あるいは塩基を単位分子とする DNA 等があります。天然ゴムは天然の樹木（ゴムの木）から採れる高分子ですから、天然高分子とすべきかもしれません。

・合成高分子

合成高分子は熱硬化性樹脂と熱可塑性樹種に分けることができます。熱硬化性樹脂には合成ゴムも含まれます。ところが、合成ゴムの中には化学的には天然ゴムとまったく同じイソプレンゴムもあります。

熱可塑性樹脂は更にプラスチック、合成繊維、機能性高分子に分けることができます。

◫ 実用面からの分類

高分子は各種材料として機械、電気、建築、雑貨製作、あらゆる分野で素材として日常的に使われています。そのため、このような実用的な見地からの分類も重視されています。この見地から、高分子は汎用樹脂と工業用樹脂の二つに大別されます。

汎用樹脂は各種容器、各種フィルムなどに加工される大量生産で安価なものです。一方、工業用樹脂は一般にエンプラ（エンジニアリングプラスチック）と呼ばれ、機械的強度と耐熱性に優れた樹脂で少量生産、高価なものです。更に優れたものはスーパーエンプラ、準スーパーエンプラなどと呼ばれることもあります。

024

第 2 章　低分子と高分子

図1　高分子の分類

高分子
- 天然高分子：デンプン、セルロース、タンパク質、DNA
- 合成高分子
  - 熱硬化性高分子：ゴム、フェノール樹脂
  - 熱可塑性高分子
    - 合成樹脂（プラスチック）
    - 合成繊維
    - 機能性高分子

図2　実用面からの高分子の分類

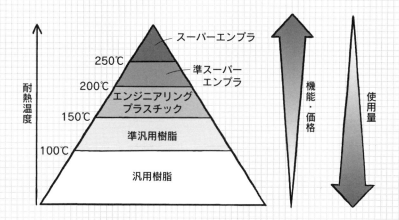

ポリエチレンやポリスチレンは汎用樹脂の代表、ナイロンやペットはエンプラの一種です。

- ●天然高分子には多糖類、タンパク質、DNAなどがある。
- ●合成高分子には熱可塑性樹脂と熱硬化性樹脂がある。
- ●高分子は汎用樹脂とエンプラに分けることもできる。

025

第3章
高分子の構造

高分子も分子ですから分子構造を持っています。高分子の分子構造の基本になるのは、それを作る単位分子の分子構造です。しかし高分子の中には、ただ一種の単位分子からできているものと、何種類かの単位分子からできているものがあります。

3-1 一種類の単位分子からなる熱可塑性高分子

高分子には熱可塑性と熱硬化性があります。熱可塑性高分子の分子構造的な特徴は、たくさんの単位分子が直線状（一次元）に結合していることです。しかし、その単位分子は一種類のこともあれば、数種類のこともあります。

1 ポリエチレンの構造

　熱可塑性高分子の代表的なもので、しかも構造が単純なのがポリエチレンです。ポリエチレンの"ポリ"はギリシア語の数詞でたくさんという意味です。つまり、ポリエチレンは"エチレン"というただ一種類の単位分子がたくさん結合したものなのです。

　エチレンは図1のようなC=C二重結合を持った分子です。二重結合を構成する2本の握手（共有結合）のうち、1本をほどいてみましょう。すると、各炭素上に結合していない手（結合手）が余ります。この結合手は他の結合手と握手（結合）したくてウズウズしています。そこで隣にいるエチレンの結合手と結合します。このような反応を一般に重合反応といいます。

　このようなことを繰り返すと、エチレンを単位分子とする炭素鎖はいくらでも伸びていきます。ポリエチレンはエチレン分子が数千個、炭素として数千から1万個程度まで繋がった長大な分子なのです。

2 ポリエチレンとメタン

　ポリエチレンは固体の高分子です。一方、メタンは家庭にきている都市ガスの主成分で気体です。この両者の間に関係があるのでしょうか？

　実は大あり、どころではなく、両者は兄弟のような関係にあります。炭素と水素だけからできた化合物は一般に炭化水素と呼ばれ、数えきれないくらいたくさんの種類がありますが、その基本的な違いは繋がっている炭素の個数の違いです。

　炭素が1個ならメタン、2個ならエタン、3個ならプロパンとなりますが、これらは全て単一組成の純粋物質です。一方、何種類かの炭化水素の混合物もあります。これの代表が石油であり、炭素数の少ないものから順にガソリン、灯油、軽油、重油、パラフィン、ポリエチレンなどとなります。つまり、天然ガス、石油とポリエチレンは似たようなものなのです。

図1　エチレンとポリエチレン

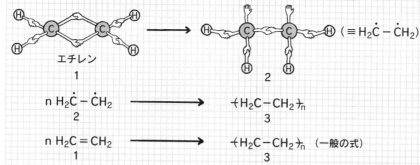

エチレンが1本の結合を切断すると中間体2となり、2がたくさん結合するとポリエチレン3となります。

表1　炭化水素と石油

名前	沸点	炭素数	用途
石油エーテル	30〜70	6	溶剤
ベンジン	30〜150	5〜7	溶剤
ガソリン	30〜250	5〜10	自動車、航空機燃料
灯油	170〜250	9〜15	自動車、航空機燃料
軽油	180〜350	10〜25	ディーゼル燃料
重油	−	−	ボイラー燃料
パラフィン	−	>20	潤滑剤
ポリエチレン	−	〜数千	プラスチック

ポイント
- ポリエチレンはたくさんのエチレンが結合したものである。
- 二重結合は1本の結合を切ると、結合手が2本できる。
- ポリエチレンは炭化水素であり、メタンや石油の同族である。

3-2 ポリエチレン誘導体

エチレンの水素原子を他の原子団に換えたものをエチレン誘導体といいます。エチレン誘導体を単位分子とした高分子をポリエチレン誘導体といいます。

1 置換基が1個のもの

　エチレンは二重結合に4個の水素Hが結合したものですが、このHのうちいくつかを他の原子や原子団（置換基）に変換したものをエチレン誘導体といいます。エチレン誘導体も、エチレンと同じように結合して高分子を作ります。このような高分子はたくさんありますが、よく知られたものを表1にまとめました。まず、置換基が1個だけのものを見てみましょう。

・ポリ塩化ビニル："塩ビ"の一般名で愛用され、バケツ、シート、パイプ、チューブと広い範囲で使われています。

・ポリスチレン：発泡剤によって発泡させた物が"発泡ポリスチレン"などの名前で、緩衝材や断熱材して使われています。

・ポリプロピレン：文房具や家電製品の外装材として広く使われます。

・ポリアクリロニトリル：繊維にすると細く軟らかいので毛布、セーター、人形の毛などに用いられます。

・ポリ酢酸ビニル：水に懸濁したものは木工ボンドとして用いられます。

・ポリビニルアルコール：水に会うと溶けて接着性が出るので、切手の糊などに用いられます。

2 置換基が複数個のもの

・ポリ塩化ビニリデン：気体や匂い分子を遮断するので、家庭用のラップとして用いられます。

・ポリメチルメタクリレート：アクリル樹脂とも呼ばれ、透明性が高いので水族館の水槽やメガネのレンズなどに用いられます。

・テフロン®：エチレンの4個の水素を全部フッ素Fで置き換えたものを単位分子としています。耐薬品性が非常に強く、−100〜200℃の温度にも耐え、しかも摩擦が非常に小さく、撥水性も高いので、フライパンのコーティング、傘やレインコートの撥水剤に広く用いられています。

第 3 章 高分子の構造

表1 エチレン誘導体

$$n\ H_2C=CH\text{–}Cl \longrightarrow -(H_2C-CH(Cl))_n-$$

塩化ビニル　　　　　　　　　ポリ塩化ビニル

	名前	略号	単位分子
置換基1個	ポリエチレン	PE	$H_2C=CH_2$
	ポリ塩化ビニル	PVC	$H_2C=CH\text{-}Cl$
	ポリスチレン	PS	$H_2C=CH\text{-}C_6H_5$
	ポリプロピレン	PP	$H_2C=CH\text{-}CH_3$
	ポリアクリロニトリル	PAN	$H_2C=CH\text{-}CN$
	ポリ酢酸ビニル	PVAc	$H_2C=CH\text{-}O\text{-}COCH_3$
	ポリビニルアルコール	PVAL	$(H_2C=CH\text{-}OH)$ * *単体としては存在しない
置換基2個以上	ポリ塩化ビニリデン	PVDC	$H_2C=CCl_2$
	ポリメチルメタクリレート	PMMA	$H_2C=C(CH_3)\text{-}COOCH_3$
	テフロン® (ポリテトラフルオロエチレン)	PTFE	$F_2C=CF_2$

家庭で使われる高分子のほとんどはポリエチレンの誘導体です。

ポイント

- エチレンに置換基を導入したエチレン誘導体も高分子を作る。
- 置換基が1個のものとして塩ビ、発泡ポリスチレンなどがある。
- 置換基が複数個のものとしてアクリル樹脂、テフロン®などがある。

031

3-3 複数種類の単位分子からなる熱可塑性高分子

ナイロンやペットは二種類の単位分子が交互に結合した高分子で、熱可塑性の高分子です。一方、天然高分子の DNA は四種の単位分子、タンパク質は20種の単位分子（アミノ酸）からできています。

1 ナイロン-6,6

アメリカの若い化学者カロザースによって発明され、1938年に発表されたナイロンは、最初の合成繊維として画期的なものでした。

ナイロンはアジピン酸とヘキサメチレンジアミンという二種類の単位分子が交互に結合してできた高分子です。アジピン酸はカルボン酸という有機酸であり、カルボキシル基 $-COOH$ をもっています。一方、ヘキサメチレンジアミンはアミンでアミノ基 $-NH_2$ を持っています。

この二種類の置換基は互いの間から水 H_2O を除く形で結合します。このような反応をアミド化、一般に脱水縮合反応といい。アミド化でできた化合物をアミドといいます。そのため、ナイロンは一般にポリアミドの一種といわれます。また、このナイロンを構成する 2 種の単位分子はいずれも 6 個ずつの炭素を持っているので、特にナイロン6,6と呼ばれることがあります。

それに対して一分子内にカルボキシル基とアミノ基の両方を持った分子からできた高分子をナイロン 6 といいます。

2 ペット

ペット（ポリエチレンテレフタレート、PET）はテレフタル酸というカルボン酸とエチレングリコールというアルコールが脱水縮合して作られた高分子です。カルボン酸とアルコールが脱水縮合した化合物は一般にエステルといわれます。そのため、ペットはポリエステルの一種といわれます。

ペットは一般にペットボトルの原料として知られていますが、合成繊維に加工することもでき、それは商品名テトロン®等の名前で市販されています。このような合成繊維は一般にポリエステル繊維と呼ばれます。

ナイロン、ペットは熱可塑性樹脂ですが機械的強度が高く、耐熱性もそこそこあるので、エンプラの代表として扱われています。

032

第 3 章 高分子の構造

図1　ナイロン-6,6とナイロン-6

$$R-\underset{O}{\overset{\|}{C}}-O-H \quad H-\underset{}{\overset{H}{N}}-R' \xrightarrow[\text{脱水縮合}]{-H_2O \text{ アミド化}} R-\underset{O}{\overset{\|}{C}}-\underset{}{\overset{H}{N}}-R'$$

カルボン酸　　アミン　　　　　　　　　　　　　　アミド

$$n\ HO-\underset{O}{\overset{\|}{C}}-(CH_2)_4-\underset{O}{\overset{\|}{C}}-OH + n\ H-\underset{}{\overset{H}{N}}-(CH_2)_6-\underset{}{\overset{H}{N}}-H$$

アジピン酸　　　　　　　　　　ヘキサメチレンジアミン

$$\longrightarrow \left[\underset{O}{\overset{\|}{C}}-(CH_2)_4-\underset{O}{\overset{\|}{C}}-\underset{}{\overset{H}{N}}-(CH_2)_6-\underset{}{\overset{H}{N}}\right]_n$$

ナイロン6,6

$$n\ HO-\underset{O}{\overset{\|}{C}}-(CH_2)_5-\underset{}{\overset{H}{N}}-H \longrightarrow \left[\underset{O}{\overset{\|}{C}}-(CH_2)_5-\underset{}{\overset{H}{N}}\right]_n$$

ナイロン6

図2　ペットの化学合成

$$R-\underset{O}{\overset{\|}{C}}-OH \quad H-O-R' \xrightarrow[\text{脱水縮合}]{-H_2O \text{ エステル化}} R-\underset{O}{\overset{\|}{C}}-O-R'$$

カルボン酸　　アルコール　　　　　　　　　　　　エステル

$$n\ HO-\underset{O}{\overset{\|}{C}}-\underset{}{\overset{}{\bigcirc}}-\underset{O}{\overset{\|}{C}}-OH \quad HO-CH_2CH_2-OH$$

テレフタル酸　　　　　　　　エチレングリコール

$$\longrightarrow \left[\underset{O}{\overset{\|}{C}}-\underset{}{\overset{}{\bigcirc}}-\underset{O}{\overset{\|}{C}}-O-CH_2CH_2-O\right]_n$$

ペット

> ペット（PET）は polyethylene terephthalate の頭文字からできた名称です。

ポイント
- ナイロンはカルボン酸とアミンからできたポリアミドである。
- ペットはカルボン酸とアルコールからできたポリエステルである。
- ナイロンもペットも、合成繊維としても知られている。

033

3-4 熱可塑性高分子の集合体

熱可塑性高分子は、毛糸のような長い分子構造を持っています。しかし、高分子が素材となったときには、多くの長い分子の集合体となっています。それはどのような様子なのでしょうか。

1 物質の三態

　水は低温では結晶（氷）、室温では液体、高温では気体（水蒸気）となっています。このような結晶、液体、気体を物体の状態といいます。結晶では分子は三次元に渡って整然と積み重なっています。非常に規則的な状態です。液体では規則性はなくなり、分子は勝手に動き回るので流動性が出てきます。気体では分子はジェット機並みの速度で飛び回っています。

　結晶、液体、気体は物体の基本的な状態なので特に物体の三態といわれます。しかし物体の状態は三態だけではありません。ガラスは固体ですが結晶ではありません。ガラスでは分子の配列は液体と同じで一切の規則性を失っています。つまり液体のまま固まった状態なのです。このような状態を非晶質固体、アモルファスといいます。

2 結晶性と非晶性

　熱可塑性高分子はたくさんの毛糸状の分子が寄り集まっています。このような集合に結晶のような規則性が出るはずはありません。すなわち熱可塑性高分子はアモルファスなのです。

　図はこのような状態を模式的に表したものです。しかしよく見ると、所々に高分子鎖が束ねられたような形になっていることがわかります。この部分では分子鎖の方向が揃い、分子の間隔が狭くなっています。このような部分を結晶性部分といいます。そしてそれ以外の規則性のない部分を非晶性部分といいます。

　結晶性部分では分子が束ねられているので、毛利元就の「三本の矢」のたとえのように機械的強度は強くなります。これは合成繊維の項でもう一度見ることになります。また、樹脂中を進む光はこの部分で反射されるので、結晶性の樹脂は透明性が悪くなります。1個の塊の氷は透明でも、砕いてカキ氷にすると不透明になるのと同じ原理です。

034

第3章 高分子の構造

図1 結晶とアモルファス

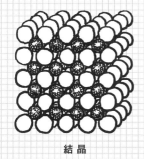
結 晶

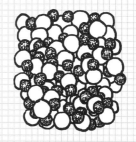
アモルファス

図2 結晶性と非晶性

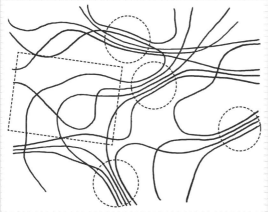

結晶性部分
非晶性部分

ヒモ状の分子が方向を揃えて束ねられたようになっている部分を結晶性部分といいます。

ポイント
- 熱可塑性樹脂は分子が不規則に集まったアモルファスである。
- 分子鎖が束ねられた部分を結晶性部分という。
- 結晶性部分は機械的強度が高く、透明性は低い。

3-5 熱可塑性高分子の立体構造

ここまで、熱可塑性高分子は鎖や毛糸のような1本の長い分子であるとして見てきました。しかしよく見ると、立体的な構造なのです。

■ 炭素の結合角度

先に見たように、炭素は4本の結合手を持っていますが、それは平面形の正方形の頂点方向に出ているのではありません。炭素原子核を中心（体心）として立体形の正四面体の頂点方向を向き、互いの角度は109.5度となっています。この角度はメタンのような小さい分子であろうと、高分子であろうと同じです。つまり、ポリエチレンの結合角度も109.5度なのです。

この問題がよくわかるのはエチレンに1個のメチル基$-CH_3$がついたプロピレンが高分子化したポリプロピレンにおいてです。ポリプロピレンでは、炭素鎖の炭素に1個おきにメチル基がついています。

■ プロピレンの立体異性体

炭素の結合角度が立体形であるせいで、ポリプロピレンのメチル基の方向には3種類が生じます。それぞれの方向を平面図で模式的に表しました（図1）。

異性体Aでは全てのメチル基が同じ方向を向いています。このような立体配置をイソタクチックといいます。それに対して異性体Bではメチル基が一つ置きに互いに反対方向を向いています。これをシンジオタクチックといいます。この両者は規則的な配置です。それに対して異性体Cでは、メチル基は無秩序に上を向いたり下を向いたりしています。これをアタクチックといいます。

それぞれの構造を3D図で示しました（図2）。遠方を見る目つき（平行法）で見てください。それぞれが立体的に見えてきます。

このような立体構造は高分子の性質に影響を与えます。すなわち規則的なイソタクチックでは全ての高分子鎖がメチル基を避け合って近づくことができます。このため結晶性となります。それに対してアタクチックではメチル基同士がぶつかるので結晶性になることができません。このため、アタクチックは透明性が高くなります。

第3章 高分子の構造

図1 プロピレンの立体異方性

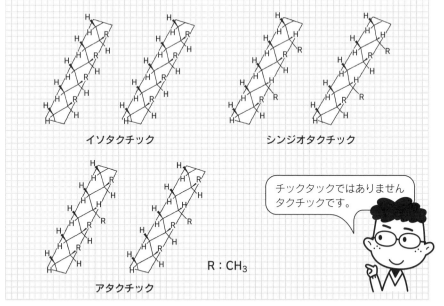

図2 イソタクチック、シンジオタクチック、アタクチックの3D図

R : CH₃

> チックタックではありません
> タクチックです。

ポイント
- 炭素原子の結合角度（109.5度）は高分子でも保持される。
- ポリプロピレンではメチル基の方向によって立体異性がある。
- 立体異性体は機械的強度、透明性で差がでる。

037

3-6 熱硬化性高分子の構造

熱可塑性高分子と熱硬化性高分子とでは、その分子構造はまったく異なります。熱硬化性高分子では全ての単位分子が一つに結合し、１個の超巨大分子になっています。

◼️ 熱可塑性高分子と熱硬化性高分子の構造の模式的比較

　熱可塑性高分子の分子構造は前節で見たとおりです。すなわち、単位分子が１個であろうと２個であろうと、あるいはもっと多かろうと、１個の分子はその両端の２か所で結合するだけです。

　この結果できあがった高分子は、鎖や毛糸のように１本の長い分子になります。このような毛糸を何本も集めれば、互いに絡まって集団の塊になります。強い風を当てれば毛糸は動き、集団の形は変化します。風の力を熱の力と考えれば、高温で軟化し、形が崩れることがわかります。これが熱可塑性の原因です（図１）。

　それに対して熱硬化性高分子の構造は網目構造です。その原因は１個の単位分子が３か所で結合することにあります。この結果、熱硬化性高分子の分子は、全体に途切れることなく平面として無限に広がっていきます（図２）。

　つまり、熱可塑性高分子の塊が多数の長い分子鎖の集合体であるのに対して、熱硬化性高分子は塊全体が１個の分子なのです。

◼️ 熱硬化性高分子の構造例

　例としてフェノール樹脂の分子構造を示します。これはフェノールとホルムアルデヒドという二種類の単位分子からできた高分子です。なぜこのような分子ができるのかという反応機構は後で見ることにして、ここでは高分子構造の中のフェノール部分を見てください。

　フェノールのベンゼン骨格の３か所に炭素が結合しています。全てのベンゼン骨格が３か所で炭素と結合し、ネットワークを広げていけば無限に広がった平面になります。この平面が適当に折りたたまれ、重なったものが熱硬化性高分子なのです（図３）。

　これではいくら強い風が吹いても、塊の形は崩れません。つまり、高温に加熱しても熱硬化性樹脂は軟らかくならないのです。更に加熱すれば結合が切れ、空気中の酸素と結合して焦げ、やがて燃え出すだけです。

第3章 高分子の構造

図1 熱可塑性

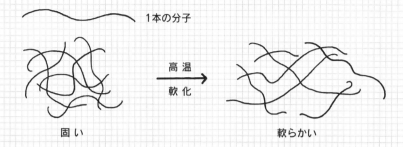

図2 熱硬化性

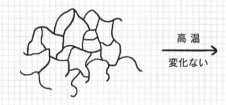

図3 フェノール樹脂の分子構造

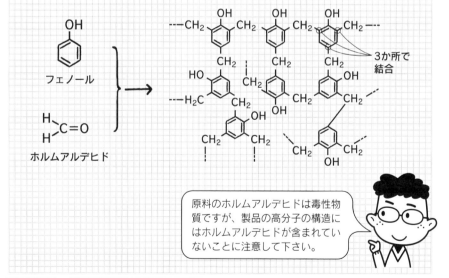

原料のホルムアルデヒドは毒性物質ですが、製品の高分子の構造にはホルムアルデヒドが含まれていないことに注意して下さい。

- 熱可塑性樹脂の分子は1本の長い毛糸のようなものである。
- このような分子は高温で動くので軟化し、変形する。
- 熱硬化性樹脂の構造は三次元網目構造なので高温でも変形しない

第4章
高分子の合成法

高分子の合成法は一般に重合反応といわれ、連鎖重合と逐次重合に分けて考えることができます。逐次重合反応には付加反応を連続するものと、縮合反応を連続するものがあります。

高分子合成反応の種類

高分子は多くの単位分子が共有結合で結合したものです。高分子を作る反応を一般に重合反応といいます。高分子に多くの種類があるのと同じように、合成法にも多くの種類があります。

1 連鎖重合反応と逐次重合反応

多くの種類がある高分子合成反応を、一つの視点から一覧表にまとめるのは大変に難しいことです。図1は多少の無理はお許し願うとして、強引にそれをまとめたものです。

まず、連鎖重合反応と逐次重合反応に分けることができるでしょう。連鎖重合反応というのは、最初の反応が起こると、次の反応は自動的、自発的に進行する反応のことをいいます。つまり、ドミノ倒しのように、途中で止めることの困難な反応です。たとえばエチレンがポリエチレンになる反応です。

それに対して逐次重合反応というのは、各段階の反応がそれぞれに完結し、順を追って進行していく反応です。例としてナイロン、ペットの合成反応があげられます。

2 連鎖重合反応の種類

連鎖重合反応は高分子合成反応の主流であり、多くの種類があります。ポリエチレンのようにラジカルを経由したラジカル重合反応、あるいはイオンを経由したイオン重合反応などがあります。複数種類の単位分子が重合するものを特に共重合反応ということもあります。

3 逐次重合反応の種類

逐次重合反応は、原理的に単位分子間の反応が1回で完結する反応です。具体的にはペットの合成反応をあげることができます。

ペットの合成反応は、カルボン酸であるテレフタル酸とアルコールであるエチレングリコールの間の繰り返し脱水縮合反応です。すなわち、1個のテレフタル酸と1個のエチレングリコールが反応した時点で1回の反応は完結しているのです。

逐次反応には重付加反応、重縮合反応などがあります。

042

第4章 高分子の合成法

図1 高分子合成反応

```
高分子合成反応 ┬ 連鎖重合反応 ┬ 単重合反応 ┬ ラジカル重合反応
 （重合）      │            │          ├ イオン重合反応
              │            │          └ リビング重合反応
              │            └ 共重合反応
              └ 逐次重合反応 ┬ 重付加反応
                            └ 重縮合反応
```

連鎖重合反応はドミノ倒しのような反応、逐次重合反応は1回完結型の反応の繰り返しです。

コラム　最初の合成高分子

　人類が高分子の合成に成功したのは、1930年頃のカロザースによるものといわれます。しかし、人類はそれ以前にも合成高分子を作っていました。それは熱硬化性樹脂のフェノール樹脂です。

　フェノール樹脂が発明されたのは1872年といわれます。その後1907年にアメリカ人のL.H.ベークランドが工業化に成功し、商品名をベークライトとして広く販売しました。日本ではベークランドの親友であり、酵素（タカジアスターゼ）の研究で有名な高峰譲吉が特許権を譲渡され、日本ベークライト株式会社を設立し、ベークライトを製造販売しました。

　しかし当時、フェノール樹脂の構造や生成機構は明らかになっていませんでした。分子構造と反応機構を明らかにした高分子合成の最初の例は、やはりカロザースによるものでしょう。

- 高分子合成反応は連鎖反応と逐次反応に分けることができる。
- 連鎖反応は重合反応とも呼ばれ、ラジカル重合などがある。
- 逐次反応には重付加反応、重縮合反応などがある。

4-
2

連鎖重合反応

連鎖重合反応は、最初の反応が開始されると、自動的に次の反応が連続する反応のことをいいます。つまり、反応物がある限り、原理的に反応を途中で止めることのできない反応のことです。

1 ラジカル重合反応

　反応がラジカル中間体を経由して進行する反応です。典型的な例は先に見たエチレンの重合反応です。この反応ではエチレンの二重結合のうち1本が開裂して、各炭素上に1本の未反応の結合手が生じました。この結合手は元をただせば1個の電子です

　このような、結合をしておらず1個のまま存在する電子を不対電子あるいはラジカル電子といい、このような電子を持つ原子団を一般にラジカルといいます。1本のC–C結合を開裂したエチレンは2個のラジカル電子を持っているので、一般にジラジカルと呼ばれます。

　ラジカルは反応性が非常に高く、直ちに他の分子を攻撃して結合を作り、他の分子に変化します（図1）。エチレンがポリエチレンに変化する反応は正しくこのような反応です。

2 イオン重合反応

　反応がイオンによって開始される重合反応をイオン重合反応といい、カチオン（陽イオン）によって開始されるものをカチオン重合反応、アニオン（陰イオン）によって開始されるものをアニオン重合といいます。

　図2にアニオン重合の例を示しました。アニオン1がエチレン誘導体2に付加するとアニオン中間体3が生成します。3が続いて2を攻撃すると2が2個結合したアニオン中間体4が生成します。

　このような反応の連続で、炭素鎖はどこまでも伸びていくことができます。これが重合反応の特徴です。ラジカル重合であれ、イオン重合であれ、反応の途中で生じるものは全てラジカルやイオンの不安定中間体であり、非常に反応性の高いものばかりです。

　このように、反応性中間体を経由して進行する高分子化反応が重合反応です。

044

第4章 高分子の合成法

図1 ラジカル重合反応

$$CH_2=CH\text{(X)} + R\cdot \longrightarrow RCH_2-\dot{C}H\text{(X)} \longrightarrow R-CH_2-CH\text{(X)}-CH_2-\dot{C}H\text{(X)}$$

ラジカル　ラジカル　$CH_2=\dot{C}H\text{(X)}$　ラジカル

$$\longrightarrow R\text{-}(CH_2-CH\text{(X)})_n\text{高分子}$$

図2 アニオン重合

$$CH_2=CH\text{(X)} + R^- \longrightarrow R-CH_2-\bar{C}H\text{(X)} \longrightarrow R-CH_2-CH\text{(X)}-CH_2-\bar{C}H\text{(X)}$$

2　　1　　　　　3　　$CH_2=\bar{C}H\text{(X)}$　　　　4
　　　　　　　　　　　　2

$$\longrightarrow R\text{-}(CH_2-CH\text{(X)})_n$$

図1のR・などについている・はラジカル電子を表します。ラジカルを経由する重合反応がラジカル重合反応です。それに対して＋、－などのイオンを経由する反応をイオン重合反応といいます。

- 不安定な反応性中間体を経由して進行する反応が連鎖反応である。
- ラジカル中間体を経由する反応をラジカル重合、イオン中間体を経由する反応をイオン重合反応という。

4-3 リビング重合反応

ラジカル重合やイオン重合は、原料のある限り反応が継続するように見えますが、実は反応は途中で停止します。そのような反応停止を防ぐのがリビング重合です。

1 重合反応の停止過程

エチレン誘導体であるスチレン1のラジカル重合を見てみましょう。反応の途中ではラジカル中間体2が生成します。2に1が反応すれば重合反応は継続することになります。ところが、2は1に反応せず、他の反応を起こす可能性があるのです。そのような反応は次の二つです（図1）。

①再結合

2が2同士で結合して3になってしまうのです。これではラジカル電子が消失するので反応は継続できず、そこで停止してしまいます。

②不均化

片方の2から水素ラジカル（水素原子）H・が別の2に移動し、4と5になってしまいます。4、5はラジカルではないので反応は停止します。

2 ラジカルアニオン

上のような停止反応を避ける中間体がラジカルアニオン中間体です。ラジカルアニオンというのは1分子中にラジカル・とアニオン−の両方を持つ分子のことをいいます。

ナフタレン6にナトリウム金属Naを反応させるとナフタレンのアニオンラジカル7が生成します。7にスチレン1を反応させるとスチレンのアニオンラジカル8が生成します。これが反応を開始するのです。

8のアニオン部分は静電反発によって近づくことができないので、ラジカル部分で結合して9になります。9は一般にジアニオンといわれるもので、アニオン部分が2個あるので、ここでアニオン重合を継続することができるのです（図2）。

このように、この反応では途中で生成する中間体が再結合せず、いつまでも生き続けるので、リビング重合といいます。

046

第4章 高分子の合成法

図1　重合反応の途中停止

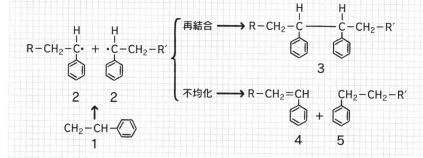

> ラジカルは電気的に中性なため、電荷の反発がありません。そのため、ラジカル中間体は互いに反応することができるのです。

図2　ラジカルアニオンで開始する重合反応（リビング重合）

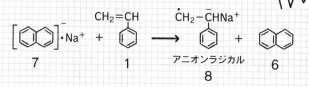

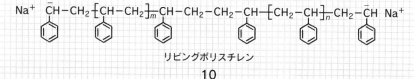

- ラジカル重合では再結合、不均化によって反応が途中停止する。
- ラジカルアニオンを用いて反応を行うと停止過程がなくなる。
- ラジカルアニオンで開始する重合反応をリビング重合という。

4-4 共重合反応

複数種類の単位分子を使って重合させる反応を共重合反応といい、そのようにしてできた高分子をコポリマーといいます。コポリマーは、単一種類の単位分子からできた高分子よりも優れた性質を持つことがあります。

1 原料共存による共重合

単一種類の重合反応でできた高分子はある一面では優れていても、他の面では劣っていることがあります。このようなとき、互いの性質を補い合うような単位分子を混ぜて重合を行わせると、優れた高分子が得られることがあります。このような高分子（ポリマー）をコポリマーといいます。

塩化ビニルを単位分子とするポリ塩化ビニルは機械的強度は高いものの、硬くて衝撃に弱い欠点があります。それに対して、酢酸ビニルを単位分子とするポリ酢酸ビニルは軟らかいうえに融点が低いのでプラスチックとしては使えず、木工ボンドなどとして使います。

しかし、塩化ビニルと酢酸ビニルを共重合させた高分子は耐衝撃性プラスチックとして優れた性質を発揮します。

また、スチレンとブタジエンを共重合させたスチレン・ブタジエンゴム SBR は、ポリスチレンの硬さとポリブタジエンの軟らかさが融合したゴムとして多用されています（図1）。

2 リビング重合による共重合

二種類の原料を混ぜて行う共重合では単位分子の結合順序を操作することはできません。しかし、リビング重合を使えばそれが可能です。

前節で見たリビングポリマーの中間体、リビングポリスチレン10を見てください。系内に反応原料のスチレンがなくなったら、反応生成物は10でストップします。しかし10は分子の両端に反応部位を残しています。

ここに新たなエチレン誘導体 $H_2C=CHX$ を加えたら、10の両端には $H_2C=CHX$ が重合していきます。つまり、この場合にはスチレンでできた部分（ブロック）と $H_2C=CHX$ でできた部分が繋がることになります。このような高分子をブロックコポリマーといいます。

第4章 高分子の合成法

図1　SBRゴムと耐衝撃性プラスチック

名前	単位分子
SBRゴム	$CH_2=CH$（スチレン、ベンゼン環付き） ＋ $H_2C=CH-CH=CH_2$ ブタジエン
耐衝撃性プラスチック	$CH_2=CH-Cl$ 塩化ビニル　　$CH_2=CH-COOH$ 酢酸ビニル

図2　ブロックコポリマー

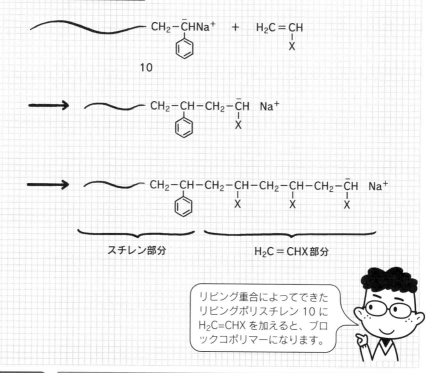

スチレン部分　　　　$H_2C=CHX$部分

リビング重合によってできたリビングポリスチレン 10 に $H_2C=CHX$ を加えると、ブロックコポリマーになります。

ポイント

- 複数種類の単位分子からできた高分子をコポリマーと呼ぶ。
- リビング重合を使うとブロックごとに単位分子の異なる高分子を作ることができる。このような高分子をブロックコポリマーと呼ぶ。

4-5 逐次重合反応

ドミノ倒しのように無限に連続する連鎖重合と異なり、一段階ごとに完結する反応を連続させて高分子を作る反応です。ナイロンやペットの合成に用いられます。

◧ 重付加反応

　各段階が付加反応の重合反応です。具体例を見た方がわかりやすいでしょう。椅子の座面の内部に入れるスポンジ状の高分子はポリウレタンです。これはジイソシアナート1とジオール2からできています。

　1と2が反応するとイソシアナート基-N=C=O にヒドロキシ基-OH が付加反応して生成物3ができます。これは連鎖重合反応の途中でできる生成物（ラジカルやイオン）と違って、それ自体は安定な化合物です。しかし3には反応部位の-N=C=Oと-OH が存在します。そこでこれらの置換基がさらに1あるいは2と付加反応して結果的に重合した高分子であるポリウレタン5を与えるのです（図1）。

◨ 重縮合反応

　先に見た縮合反応が連続する反応です。縮合反応とは、PET の項で見たようにカルボキシル基-COOH とヒドロキシ基-OH の間から水が取れて結合するエステル化反応（広義には脱水縮合反応）（図2）、あるいはナイロンの項で見たように、-COOH とアミノ基-NH$_2$ の間で脱水縮合が起こるアミド化反応などがあります（図3）。

　これらの反応でも各段階で生じる生成物は各々エステル、あるいはアミドという本来安定な化合物です。この生成物が更に反応を継続するのは、反応系の中に反応原料があるからにすぎません。決して途中に生じる生成物の反応性が殊更に高いというわけではありません。

　このような反応が連続して高分子となる反応ですから、重縮合反応で生じる高分子はポリエステル、あるいはポリアミドが代表的ということになります。

◪ 付加縮合反応

　これらのほかに、付加反応と縮合反応が繰り返して連続する反応がありますが、これは熱硬化性樹脂を合成する反応ですから、次の項で見ることにします。

050

第4章 高分子の合成法

図1　重付加反応

$$O=C=N-\boxed{A}-N=C=O + H-O-\boxed{B}-O-H \xrightarrow{付加反応}$$

ジイソシアナート　　　　　　　ジオール
　　　1　　　　　　　　　　　　2

$$O=C=N-\boxed{A}-\overset{H}{N}-\overset{O}{C}-O-\boxed{B}-O-H + O=C=N-\boxed{A}-N=C=O \xrightarrow{付加反応}$$

　　　　　　　　　3　　　　　　　　　　　　　　　1

$$O=C=N-\boxed{A}-\overset{H}{N}-\overset{O}{C}-O-\boxed{B}-O-\overset{O}{C}-\overset{H}{N}-\boxed{A}-N=C=O + H-O-\boxed{B}-O-H \longrightarrow$$

　　　　　　　　　　　　　　　　4　　　　　　　　　　　　　　　　　　　2

$$\left(\overset{O}{C}-\overset{H}{N}-\boxed{A}-\overset{H}{N}-\overset{O}{C}-O-\boxed{B}-O\right)_n$$

ポリウレタン
5

> 連鎖重合反応でできる中間体は不安定なので取り出すことはできません。しかし、逐次重合反応の中間体は安定なので、取り出すことも可能です。

図2　エステル化反応

$$n\ HO-\overset{O}{C}-\underset{}{\bigcirc}-\overset{O}{C}-OH\ \ {}^2nH-O-(CH_2)_2-O-H$$

テレフタル酸　　　　　　エチレングリコール
（カルボン酸）　　　　　　（アルコール）

$$\xrightarrow{縮合反応} \left(\overset{O}{C}-\underset{}{\bigcirc}-\overset{O}{C}-O-(CH_2)_2-O\right)_n$$

ペット
（ポリエステル）

図3　アミド化反応

$$n\ HO-\overset{O}{C}-(CH_2)_6-\overset{O}{C}-OH + n\ \overset{H}{H-N}-(CH_2)_6-\overset{H}{N}-H$$

アジピン酸　　　　　　ヘキサメチレンジアミン
（カルボン酸）　　　　　　（アミン）

$$\xrightarrow{縮合反応} \left(\overset{O}{C}-(CH_2)_6-\overset{O}{C}-\overset{H}{N}-(CH_2)_6-\overset{H}{N}\right)_n$$

ナイロン6,6
（ポリアミド）

ポイント
- 付加反応が繰り返すことで高分子化する反応を重付加反応という。
- 縮合反応が繰り返すことで高分子化する反応を重縮合反応という。
- 付加反応と縮合反応が繰り返す付加縮合反応もある。

4-6 熱硬化性樹脂の合成反応

熱硬化性樹脂は熱可塑性樹脂とは大きく異なった分子構造を持ちます。すなわち、プラスチック製品はまるごと１個がそのまま１個の分子のような状態なのです。当然、その合成法も異なります。

■ 熱硬化性樹脂の構造上の特殊性

　熱硬化性高分子の代表はフェノール樹脂、ウレア（尿素）樹脂、メラミン樹脂の三種です。これらの樹脂はそれぞれフェノール１、ウレア２、メラミン３を単位分子としますが、それだけではありません。これらの樹脂は全てもう一種、すなわち全てに共通の単位分子ホルムアルデヒド４を用いているのです。

　先に熱硬化性樹脂が高温でも軟化しないのは、その分子構造が三次元にわたる網目構造であり、そのため、高温になっても分子は動くことができないためだということを見ました。そして、そのような網目構造を取ることのできる原因は、主要原料であるフェノール、ウレア、メラミンが１分子内で少なくとも３か所の反応部位を持つことであることを見ました。各分子の反応点を図１に示しました。

　このために、熱硬化性樹脂の分子は直線状の一次元構造でなく、平面状の二次元構造を取ることができ、更にそれが折りたたまれて三次元の強固な構造を取ることができるのです。

■ フェノール樹脂の合成反応

　熱硬化性樹脂で最も早く知られていたのはフェノール樹脂です。フェノール１は反応部位が３か所あります。一般にオルト o、パラ p といわれる位置です。

　o−位にホルムアルデヒド４が反応すると生成物５が生じます。この反応は付加反応です。ついで５のヒドロキシ基−OH と１の o−位の水素の間で脱水縮合反応が起こると６が生じます。６は２個のフェノール分子１が$-CH_2-$原子団によって結合された構造です。

　しかし、６の２個のベンゼン環にはそれぞれ o−位、p−位の反応点があります。もし o−位に反応が起これば７となります。しかし、p−に起こり、その後、o−位と p−位の反応が繰り返されると、三次元網目構造のフェノール樹脂になるのです（図２）。

052

第 4 章　高分子の合成法

図1　熱硬化性樹脂の代表とその特殊性

フェノール 1 ／ メラミン 2 ／ ウレア（尿素） 3 ／ ホルムアルデヒド 4

図2　フェノール樹脂の合成反応

フェノール 1 ＋ ホルムアルデヒド 4 —付加→ 5 ＋ 1 —−H₂O 縮合→ 6 ＋ H₂C=O → 7

> フェノール樹脂では 1 個のベンゼン環が 3 個のベンゼン環と結合しています。そのため、分子が線状にならず、面状になるのです。

フェノール樹脂

- 熱硬化性樹脂の構造は三次元にわたる網目構造である。
- 網目構造になるのは単位分子の片方が 3 個以上の反応点を持つからである。

053

第5章
高分子の物理的性質

高分子は衣料、建築、機械など、いろいろなものの材料素材として用いられます。材料として見た場合の高分子の熱、光、電気的な性質を見てみましょう。

5-1 分子量と物性

ポリエチレンは炭素原子が1万個程度も繋がったような、長大で巨大な分子です。しかし一方で、メタンやガソリンと同様の炭化水素です。両者の違いは分子の大きさ、分子量の違いです。分子量は物質の性質にどのように影響するのでしょうか。------

❶ 分子量と沸点・融点 --

先に見たように、同じ炭化水素でもメタンやブタン、すなわち炭素数1〜4個のものでは気体であり、炭素数10個程度のものでは液体です。しかしそれ以上では固体となりますが、炭素数が大きくなるとその融点は必ずしもハッキリしなくなります。

図1は炭化水素の炭素数とその融点の関係を表したものです。分子量が大きくなるにつれて融点は高くなります。しかし決して分子量と融点の間に比例関係があるわけではありません。それどころか、分子量がある程度以上大きくなると、融点は横ばいになります。しかも、融点がハッキリしなくなるのです。

これは炭素数が大きくなると、同じ炭素数でありながら構造式の異なる異性体が増え、そのような場合には異性体の分離、すなわち純粋物質を得ることが困難になることも関係しているのでしょう。とにかく、感覚的には、分子量がある程度以上に大きくなると、分子量と少なくとも融点の関係は飽和状態になるといえるようです。

❷ 分子量と高分子的性質 --------------------------------------

図2は上で見たような、分子量と高分子の物性の関係を表したものです。グラフの線は分子量の増加と共にゆっくりと上昇し、やがてハッキリと上昇傾向に転じますが、分子量が更に増えると上昇傾向は鈍化し、やがて変化しなくなります。

このようなS字型のカーブは般にシグモイドカーブといわれ、自然現象、特に生体関係にはほとんど必ず表れるカーブです。このグラフによれば、分子量 M_0 より小さい分子は低分子の性質を残していますが、それを超えると急激に高分子的性質が表れます。しかしそれも分子量が M_s を超えると頭打ちになるということのようです。

第5章 高分子の物理的性質

図1 炭化水素の分子量と融点の関係

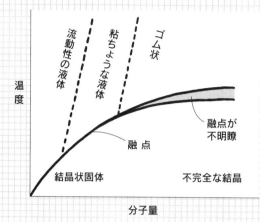

図2 分子量と高分子の物性の関係

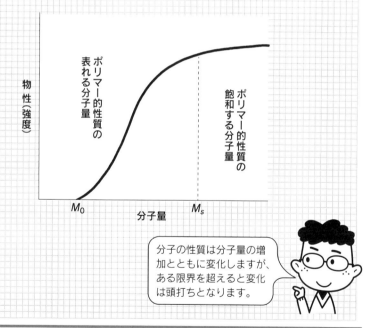

> 分子の性質は分子量の増加とともに変化しますが、ある限界を超えると変化は頭打ちとなります。

ポイント
- 炭化水素の性質はメタンからポリエチレンまで連続する。
- 融点は分子量と共に増加するが比例するわけではない。
- 高分子的性質も分子量とともに増加するが、やがて頭打ちになる。

057

5-2 弾性変形

プラスチックフイルムを引っ張れば伸びます。これを弾性変形といいます。しかし引っ張りすぎると切れてしまいます。これを破壊といいます。

1 弾性率

　図1はプラスチックフイルムを引っ張った場合、引っ張る力（応力）と伸びる率（ひずみ）の関係がどうなるかを表したものです。応力が小さい間は応力とひずみの間には比例関係があります。このとき、応力とひずみの比を弾性率といいます。

　弾性率が大きいほど変形しにくいことを表します。いくつかの物体の弾性率を表に示しました。ダイヤモンドや鋼鉄は非常に大きいですが、ゴムは反対に非常に小さいです。プラスチックや木材はちょうど中間というところです。

　応力が大きくなって降伏点に達すると、物質の性質は急激に弱くなります。それまで応力に逆らっていたものがズルズルと伸びはじめ、そして破断点で切れてしまいます。

2 S-S 曲線

　応力は strein、ひずみは stress ということから、応力とひずみの関係を表したカーブを S-S 曲線といいます。図2（A）は応力を大きくしてもひずみは大きくなりません。これはダイヤモンドのような硬くてもろい物質体の S-S 曲線です。それに対して（B）ではわずかの応力で大きく変形しています。これはゴムのような変形しやすい軟らかい物質の S-S 曲線です。

　（C）に幾つかの高分子の S-S 曲線を示しました。最も硬くてもろいのはケプラーです。これはプラスチックですが、ナイフでもハサミでも切れないほど硬いことで有名です。防弾チョッキに用いられます。

　反対にゴムは非常に軟らかいです。ポリエステルやナイロンが両者の中間であり、典型的なプラスチックの性質を示しているということができそうです。ガラス繊維は複合素材なので、高分子よりガラスの性質が大きく表れているようです。

第5章 高分子の物理的性質

図1 プラスチックフイルムの弾性率と材料による弾性率の違い

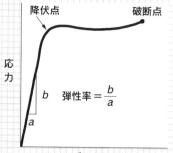

材料	弾性率の比
ダイヤモンド、鋼鉄	約100倍
ガラス、コンクリート	約10倍
プラスチック、木材	1
ポリエチレン	約1/10倍
天然ゴム	約1/100倍

図2 S-S曲線

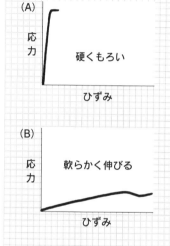

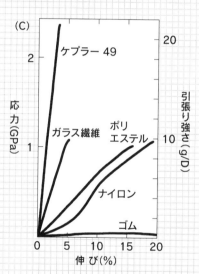

高分子固体の応力-ひずみ曲線の例

> ケプラーもゴムも共に高分子です。高分子の性質が幅広いことには驚かされます。

ポイント
- 引っ張る力と伸びる率の比を弾性率という。
- ダイヤモンドは弾性率が大きく、ゴムは小さい。
- 高分子はダイヤモンドとゴムの中間である。

5-3

粘弾性

高分子に力を加えると変形しますが、その変形はゆっくりと表れます。一方、力を除いても元に戻るには時間がかかります。このような性質を粘弾性といいます。

1 高分子の変形

バネに力を加えれば変形しますが、力を取り除けば直ちに元の形に戻ります。このような性質を弾性といいます。それに対して粘土は容器の形のとおりに変形し、元に戻ることはありません。このような性質を粘性といいます。

プラスチック製の雨樋に水が溜まると雨樋は下がって変形します。しかしその変化が表れるまでには時間がかかります。水がなくなると雨樋は元の形に戻りますが、それにもまた時間がかかります。

図１は高分子にかけた力の時間変化（A）と、その結果高分子に表れた変形（B）を同じ時間尺度で表したものです。（A）に見るように、ある時刻 t_1に高分子フィルムに応力 a を加えたとします。すると高分子は変形します。しかしその変化は突然表れるのではなく、徐々に表れます。そしてある時点で変形は飽和し、それ以上変形しなくなります。

次に時刻 t_2で応力を取り除いたとします。高分子に表れた変形は解消しますが、すぐに解消されるわけではありません。時間をかけて徐々に解消されます。このような性質を粘弾性といいます。

2 粘弾性モデル

粘弾性を表すモデルがあります（図２）。一つはバネです。これは応答の速い弾性のモデルです。もう一つはダッシュポットです。これはピストンの中に油を入れ、中に穴の開いた板を装着してその板を動かすものです。油が抵抗になって板は動きにくく、応答が遅くなります。

粘弾性というのはこのバネの性質とダッシュポットの性質を合わせたものとして解析することができます。そのようなモデルとして両方を並列関係にセットしたものと、直列関係にセットしたものが考えられています。

第5章 高分子の物理的性質

図1 高分子の変形（粘弾性）

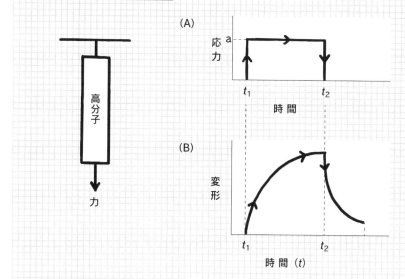

図2 粘弾性モデル

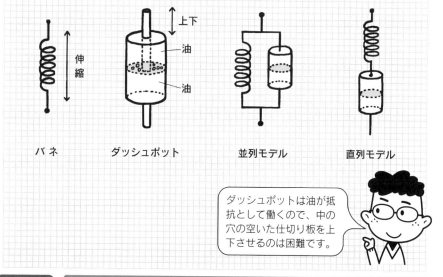

> ダッシュポットは油が抵抗として働くので、中の穴の空いた仕切り板を上下させるのは困難です。

ポイント
- 高分子に力を加えると徐々に変形し、力を除くと徐々に戻る。
- 弾性と粘性を合わせた性質を粘弾性という。
- 粘弾性を再現するにはバネとダッシュポットを用いるとよい。

061

5-4 熱特性

熱可塑性高分子を加熱するとまず軟らかくなり、更に加熱すると融けて液体状になります。しかし冷やせば再び固まります。高分子の熱による変性を見てみましょう。

1 ガラス転移 T_g と融点 T_m

熱可塑性高分子を加熱すると一般に軟らかくなり、体積は膨張します。しかしその細かい様子は非晶性高分子と結晶性高分子とでは違います（図1）。

・非晶性高分子

図1（A）はアクリル樹脂のような非晶性の高分子を加熱したときの変化を表したものです。低温では硬い固体ですが、ガラス転移温度 T_g を超えると軟らかいゴム状になり、そのままズルズルと軟らかくなり、ついには液体状になります。

高分子の体積（比容）は加熱と共に膨張しますが、その割合は T_g を超えると急に大きくなります。

・結晶性高分子

（B）はポリエチレンのような結晶性の高分子を加熱したときのものです。T_g までは硬い固体ですが、それを超えると弾力性が出てきます。これは非晶性部分が流動化したことによります。さらに加熱して融点 T_m を超えると結晶性部分が融けます。このため高分子はゴム状になり、更に加熱すると液体状になります。

体積変化は T_m で一挙に膨張します。これはそれまで束ねられたようになっていたものがバラバラになって分子運動を始めたせいです。

2 T_g と T_m の組み合わせ

図2はいくつかの熱可塑性高分子の種類と、T_g、T_m の関係を示したものです。ゴムタイプとガラスタイプは非晶性なので T_m を持ちません。ゴムタイプでは T_g が室温以下なので、室温でゴム状になっています。

繊維タイプとプラスチックタイプは結晶性なので T_g、T_m を持ちます。プラスチックタイプは T_g が室温以下なので室温では弾力性のある固体となっています。しかし繊維タイプでは T_g が室温以上なので、室温でも結晶状態であり、耐熱性、機械的強度、共に大きいことになります。

062

第5章 高分子の物理的性質

図1 高分子の熱による変形

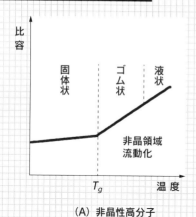
(A) 非晶性高分子

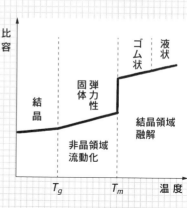
(B) 結晶性高分子

図2 熱可塑性高分子の種類ごとの転移温度 T_g と融点 T_m

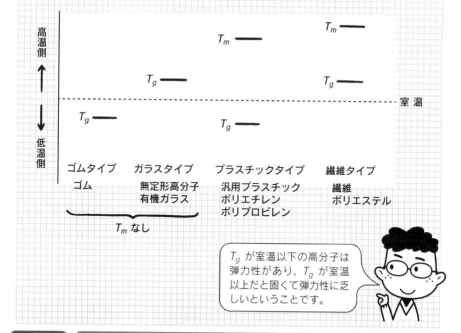

T_g が室温以下の高分子は弾力性があり、T_g が室温以上だと固くて弾力性に乏しいということです。

ポイント
- 高分子にはガラス転移温度 T_g と融点 T_m がある。
- 温度が T_g を超えると非晶質部分が流動化し、T_m を超えると結晶性部分が融ける。

063

5-5 光特性

高分子（プラスチック）の中にはメガネのレンズになるものもあれば、（白い）不透明なものもあります。透明な高分子と不透明な高分子では何が違うのでしょうか？

1 透明性と不透明性

分子は光を吸収する性質があります。どのような構造の分子がどのような波長の光を吸収するかは、理論的に、十二分に検証されています。それによると、少なくとも飽和結合、すなわちC–C 一重結合だけでできた分子は光を吸収することはなく、全ての光を透す、すなわち透明なはずです。ところが飽和結合だけでできたポリエチレンは不透明です。

これはなぜでしょう？　これはポリエチレン塊の中に、結晶性の部分と非晶性（アモルファス性）の部分があることに由来します。アモルファス部分は液体と同じであり、光は通過しますが、結晶性の部分があるとそこで反射されてしまい、そのため不透明になるのです。

ある物質が真空に比べてどの程度光を透すかを表す指標を、光透過率といいます。

2 屈折率

光の速度は通過する物体によって異なります。真空中が最も速く、ほかの物体中では遅くなります。両者の速度の比を屈折率といいます。この速度の違いのため、光が他の物体に入射する進行方向が変化します。屈折率の大きいものほど、角度の変化が大きいことになります。

高分子の場合、分子構造にベンゼン骨格を持つものの屈折率が高いことが知られています。いくつかの物質の光透過率、屈折率、その他の数値を表1に示しました。

有機ガラスとも呼ばれるポリメチルメタクリレート PMMA はガラスよりも透明度が高いことがわかります。しかしベンゼン環を持っていないので、屈折率はベンゼン環を持つポリカーボネート PC やポリスチレン PS に及びません。ちなみにダイヤモンドの屈折率は2.42です。

光学レンズは屈折率の大きいものほど有利ということになります。コンタクトレンズを考える場合には、吸水率も重要になりますが、それについては PMMA が抜群によいことがわかります。

064

第5章 高分子の物理的性質

図1　ポリエチレンは不透明

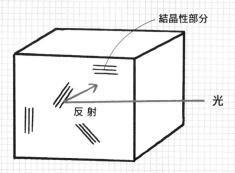

表1　物質による光透過率、屈折率などの違い

	PMMA	PC	PS	ガラス
光透過率	92	88	89	90
屈折率	1.49	1.59	1.59	1.4〜2.1
熱変形温度(℃)	100	140	70〜100	
吸水率	2.0	0.4	0.1	

図2　PMMA、PC、PS

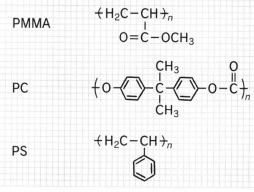

結晶性の低い高分子は透明度が高く、ベンゼン環を持つものは屈折率が高くなります。

- 結晶性の高分子は透明度が低い。
- PMMA は透明度が高いが屈折率は高くない。
- PC や PS は透明度は落ちるが屈折率は高い。

5-6 電気特性

物質は電気の通しやすさによって良導体、半導体、絶縁体に分けることができます。金属は典型的な良導体であり、高分子は典型的な絶縁体です。

1 絶縁性

いくつかの物質の導電率を図1に示しました。電流は電子の流れです。金属の中には金属結合を構成する自由電子がたっぷりと存在します。この電子が移動すれば電流となるため、金属は伝導性が高いのです。

しかし高分子の持つ電子は全て結合電子です。この電子は結合する2個の原子間に留まって動こうとしません。そのため、高分子は絶縁性なのです。中でもポリエチレンは絶縁性が高いことから電線の被覆材してよく用いられます。また、安価で難燃性のポリ塩化ビニルも家庭用電線の被覆材として用いられます。

図には伝導性の高い高分子（導電性高分子）も示されていますが、これについては9-2項で見ることにします。

2 静電気対策

材質の異なる物体を擦り合わせると、片方からもう片方に電子が移動することがあります。これが静電気の原因です。静電気の溜まった物体が伝導性の高い物体に触れると両者の間に電子の移動が起こり、電流が流れます。これがあのバチッとした刺激になります。

高分子と金属を擦りあわせると金属から高分子に電子が移動し、金属がプラスに、高分子がマイナスに帯電します。

静電気に基づく放電は、粉塵爆発等重大な産業事故につながりかねません。そのため、高分子に伝導性を持たせる試みがいろいろと行われています。一つの方法は高分子の表面に金属粉を塗る、あるいは金属めっきを施すことです。

また、帯電防止剤としての低分子アンモニウム塩 $R-NH_4^+Cl^-$ やポリスチレンスルホン酸ナトリウムなどの電解質を添加したり、カーボンブラック（炭素の粉）や金属粉を添加することも行われます。前者では導電率が6桁、後者では12〜15桁も上がることが知られています。

第5章 高分子の物理的性質

図1 いろいろな高分子の導電率

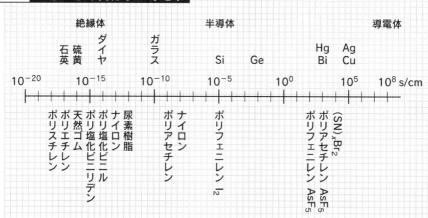

図2 高分子と静電気

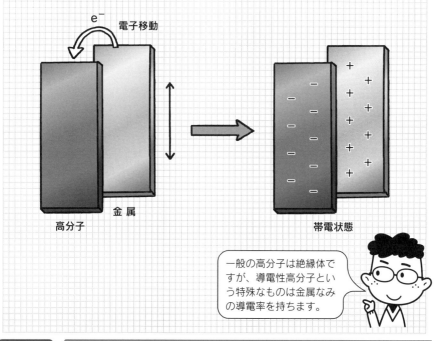

> 一般の高分子は絶縁体ですが、導電性高分子という特殊なものは金属なみの導電率を持ちます。

- 高分子は典型的な絶縁体である。
- 高分子と金属を擦り合わせると静電気が起こる。
- 高分子に伝導性を持たせるため、良導体の塗布、混入が行われる。

第6章
高分子の化学的性質

高分子は化学物質です。そのため、他の化学物質と化学変化を起こします。高分子が溶媒に溶ける、あるいは燃えるというのも化学変化の一種です。

6-1 溶解性

プラスチックは硬い固まりで、溶媒に溶けることはないように思えますが、そんなことはありません。バターが油に溶けるように高分子も適当な溶媒に溶けて溶液になります。高分子の溶液を高分子溶液といいます。

1 膨潤と溶解

　熱可塑性高分子を適当な溶媒に入れると、高分子は溶けて溶液になります。一般に熱可塑性高分子には結晶性の部分とアモルファス性の部分があります。高分子を溶媒に入れると溶媒分子はアモルファス部分に沁みこんでいきます。この結果、アモルファス部分の柔軟性は更に増します。この状態を膨潤と呼びます（図1）。

　更に溶媒が浸みこむと、結晶性部分がほどけ、高分子鎖は1本1本にバラバラになり、周りを溶媒で囲まれた状態になります。これが高分子が溶けた状態であり、高分子溶液と呼ばれるものです。一般に、溶けた高分子鎖が互いに接し合わない程度の濃さを高分子の希薄溶液といいます。

2 溶解度パラメーター

　水と塩やバターの関係のように、溶媒にはある溶質を溶かすものと溶かさないものがあります。高分子の場合も同様です。高分子をよく溶かすものを良溶媒、溶かしにくいものを貧溶媒といいます。図2にその両方の模式図を示しました。

　普通の溶質と溶媒の関係には「似たものは似たものを溶かす」という原則が働き、構造や性質が似たもの同士はよく溶けます。しかし、高分子の場合にはこの原則は通用しないことがあります。例えば、ポリエチレンとヘキサン C_6H_{14} はともに炭化水素ですが、両者は溶け合いません。同じアルコール同士のポリビニルアルコールとメタノールも溶け合いません。

　その代わりに役立つのが溶解度パラメータと呼ばれる指標です。その関係を図3に示しました。横軸が溶解度パラメータです。横軸の上部はそのパラメータを持った高分子、下部は溶媒です。

　高分子は自分と似た値の溶解度パラメータを持つ溶媒に溶けやすいのです。つまり、この図で上下に重なっている高分子と溶媒は溶けやすい関係にあるということです。

070

第6章 高分子の化学的性質

図1 膨潤と溶解

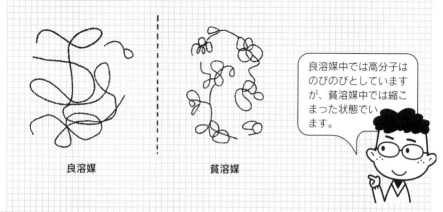

図2 良溶媒と貧溶媒

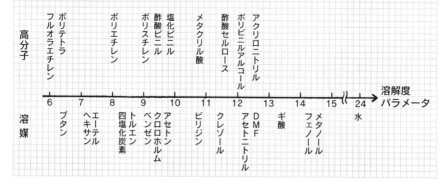

良溶媒中では高分子はのびのびとしていますが、貧溶媒中では縮こまった状態でいます。

図3 溶解度パラメータ

高分子	ポリテトラフルオロエチレン	ポリエチレン	ポリスチレン 酢酸ビニル 塩化ビニル	メタクリル酸	酢酸セルロース ポリビニルアルコール	アクリロニトリル			
溶解度パラメータ	6	7	8 9	10	11 12	13	14	15	24
溶媒		ブタン	エーテル ヘキサン 四塩化炭素 トルエン ベンゼン クロロホルム アセトン		ピリジン クレゾール アセトニトリル DMF	ギ酸	メタノール フェノール		水

ポイント
- 高分子は適当な溶媒に合うと膨潤し、それから溶ける。
- 高分子をよく溶かす溶媒を良溶媒、溶かさない溶媒を貧溶媒という。
- 高分子は溶解度パラメータの似た溶媒によく溶ける。

6-2 耐薬品性

プラスチック容器にはいろいろな品物が収容されます。機械部品のプラスチックは油に晒されます。プラスチックには耐酸・塩基等の耐薬品性が要求されます。

1 薬品と高分子の関わり

薬品と高分子の関わりは本質的に前項で見た溶解と似た現象です。すなわち高分子に触れた薬品は高分子の非晶性部分から侵入し、やがて結晶性部分に達し、高分子をバラバラにします。したがって、高分子は溶解度パラメータの近い薬品に侵されやすいということができます。

また、高分子中に侵入した薬品分子が自由に行動できることも重要となります。そのため、高分子の性質が大きく影響します。つまり高分子鎖が互いに水素結合などの分子間力で結びついて凝集エネルギーが高くなっていたり、あるいは分子構造にベンゼン環などが多く、分子鎖が剛直な場合には、薬品分子の行動自由度は制限されます。すなわち、このような高分子は耐薬品性が強いことになります（図1）。

2 高分子の耐薬品性

ポリアミド（ナイロン）やポリエステル（ペット）などは、分子中に電気的にプラスの部分とマイナスの部分を持った極性分子であり、分子間の引力や剛直性が高いので一般に耐薬品性は強いです。しかし反面、極性溶媒や酸、塩基に弱い面もあります。反対に無極性のポリエチレンなどは有機溶媒には弱いが、酸や塩基には強くなります。

表1にいくつかの高分子の耐薬品性をまとめました。ポリエチレンやポリスチレンが有機溶媒には弱いが、酸・塩基には強いことがよくわかります。反対にナイロンやペットは酸・塩基の高濃度溶液には弱いことがわかります。

ポリエチレンの水素Hを全てフッ素Fに置き換えたテフロン®は典型的な無極性高分子です。これは無極性の度合いがあまりに強いため、有機溶媒とも親和性がなくなっています。そのうえ、結晶化度が95％と非常に高いため、高分子の中で最高の耐薬品性を持つことで知られています。

第6章 高分子の化学的性質

図1　耐薬品性と凝集エネルギー

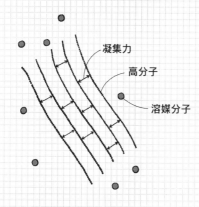
凝集エネルギー：大

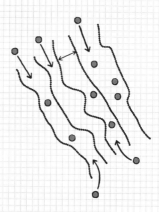
凝集エネルギー：小

表1　高分子の耐薬品性の例

	ポリカーボネート	ナイロン6,6	ペット	ポリスチレン	ポリプロピレン	テフロン®
有機溶媒	△〜×	◎	◎	×	△	◎
酸・アルカリ低濃度	○〜△	◎〜○	◎	◎	◎	◎
酸・アルカリ高濃度	△〜×	△〜×	△〜×	○	◎	◎

ポリカーボネートは材料的強度はたいへん高いのですが、薬品には弱いようです。プラスチックの性質を知ったうえで使いこなすことが大切です。

- 高分子の耐薬品性は溶解性の変形である。
- 極性高分子は有機溶媒に強く、非極性高分子は酸・塩基に強い。
- テフロン®は高分子中最高の耐薬品性を持つ。

6-3 耐熱性と難燃性

高分子の熱に対する性質には物理的な側面と化学的な側面があります。耐熱性はその両方に関係した性質です。化学的な熱変性の究極は燃焼です。

◆1 化学的耐熱性

物理的な熱特性は先に見たとおりです。ガラス転移温度 T_g と融点 T_m によって物性が変化します。しかし物理的変性の特徴は温度が戻れば性質も元に戻る、すなわち可逆変化であるということです。

それに対して化学的な熱変性は化学結合の切断、再結合などであり、これによって分子構造は不可逆的に変化してしまいます。

高分子の化学的耐熱性を上げるためには、以下のことが有効とされています。

（a）分子骨格を剛直にする

（b）分子間力を強化する

（a）のためには高分子の主鎖にベンゼン環を導入するとか、ポリイミドのようなはしご状の構造を導入するなどの手段があります。また（b）のためには高分子の結晶性を高めることが有効です。結晶性を高めると分子間力が大きくなり、分子運動が抑制されるためです。

◆2 難燃性

衣服やカーテンなどに用いる繊維には燃えないという、難燃性が重要な要件となります。燃焼というのは酸素との結合であり、そのためには、高分子の結合切断と酸素との結合生成という化学反応が伴います。

このような反応を妨げるためには、高分子の結合が切れないように結合エネルギーを大きくすることが重要となります。そのためにはベンゼン環などを導入した剛直構造、あるいはポリイミドのような梯子型構造が有効とされています。

高分子の燃え難さを表す指標に、燃焼に必要な酸素濃度を表したLOI（Limited Oxygen Index）（限界酸素指数）があります。いくつかの高分子のLOIを図2に示しました。テフロン®は90%を超える過酷な条件でも燃えることはなく、抜群の難燃性ということができます。逆にポリオキシメチレンのように、主鎖に酸素原子が入っているものはLOIが16%と非常に燃えやすくなっています。

074

第6章 高分子の化学的性質

図1 耐熱性樹脂の特徴

ケブラー®
防弾チョッキになる
$T_g = 400℃$
$T_m = 560℃$

ポリイミド
はんだ付けもできる
$T_g = 410℃$

図2 燃焼に必要な酸素濃度〔LOI（％）限界酸素指数〕

名前		
テフロン®	95	
ポリ塩化ビニル	45	難燃性
フェノール樹脂	36	
ナイロン66	23	
ポリカーボネート	26	自己消火性
ポリビニルアルコール	22	
セルロース	19	
ポリエチレン	17	延焼性
ポリオキシメチレン	16	

×：ハロゲン

主鎖に芳香族環

柔らかく熱で融けやすい

主鎖に酸素原子が入っている

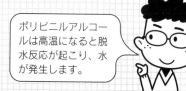

ポリビニルアルコールは高温になると脱水反応が起こり、水が発生します。

ポイント
- 物理的熱変性は可逆的であるが、化学的熱変性は不可逆である。
- 耐熱性を高めるには結合を強くし、結晶性を上げればよい。
- 高分子の難燃性を表す指標にLOIがある。

075

6-4 化学反応性

分子は化学反応を行います。高分子も分子です。したがって高分子も化学反応を行うのです。天然ゴムに硫黄を加える加硫はその一例です。

1 架橋反応

2本の高分子の途中を適当な手段で繋いで橋を架ける反応を架橋反応といいます。よく知られた反応にゴムの加硫反応があります。

ゴムの高分子 1 に加硫促進剤 R・を加えます。すると 1 から水素ラジカル（水素原子）H・が外れ、ラジカル中間体 2 が生成します。これにイオウ S_x を加えると S_x が結合したラジカル 3 となります。3 がもう一分子の 1 と反応すると、2本のゴム分子が S_x によって架橋された 4 となります。この反応はゴムの製作において非常に重要な反応ですが、それについては後にゴムの項で見ることにしましょう。

2個の二重結合化合物 5 に紫外線を照射すると、二重結合が開裂再結合して4員環化合物 6 ができます。二重結合を持った高分子に紫外線を照射すると、両者の二重結合が開裂再結合して接合されます。これも一種の架橋反応です。これについては後に光硬化樹脂の項で改めて見ることにします。

2 グラフト重合

グラフトとは接ぎ木のことをいいます。1本の高分子鎖の途中に他の高分子を接合する反応を接ぎ木にたとえてグラフト重合といいます。

分子鎖の途中に塩素原子 Cl を持った高分子 1 に有機アルミニウム化合物 Et_2AlCl を作用すると、塩素がアニオンとして脱離して陽イオン中間体 2 が生成します。これに単位分子 3 を反応すると、2 の陽イオン部分からカチオン重合反応が進行し、1 に別の高分子 4 が結合したグラフト高分子 5 が生成します。

このようにして作ったグラフト高分子は、高分子 1 の性質と高分子 4 の性質を合わせ持つ、あるいは両者の中間のような性質を持つことになり、優れた性質を示すことがあります。

076

第 6 章　高分子の化学的性質

図1　架橋反応

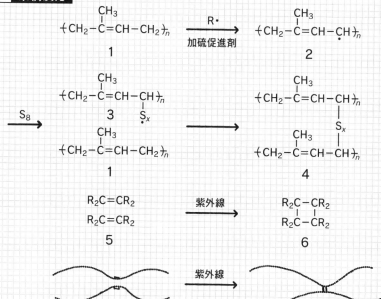

図2　グラフト重合

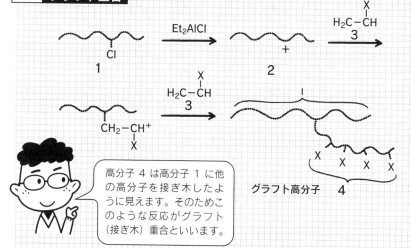

> 高分子 4 は高分子 1 に他の高分子を接ぎ木したように見えます。そのためこのような反応がグラフト（接ぎ木）重合といいます。

ポイント
- 高分子も分子の一種なので、化学反応を行うことができる。
- 2本の高分子鎖の間に橋をかけて繋ぐ反応を架橋反応という。
- 高分子鎖の途中から別の高分子を発生させる反応もある。

6-5 高分子の改質

高分子には多くの種類があり、多くの性質の高分子がありますが、それでも更なる改良が必要なこともあります。そのような場合の手段として、可塑剤を加える、数種類の高分子を混合するなどがあります。

1 可塑剤

　高分子は炭素が数千個から1万個も繋がったものです。このような高分子は硬い固体状です。しかし、製品となったプラスチックにはグニャグニャと軟らかいものもあります。このような柔軟な高分子は、それ自体が柔軟なものもありますが、可塑剤を入れて軟らかくしてあるものもあります。

　塩化ビニルのチューブなどは可塑剤によって柔軟になった例の一つです。可塑剤には多くの種類があり、それを何種類かブレンドして要求に応じた可塑剤を作ります。そのあたりは企業のノウハウになっています。よく知られたものはフタル酸の誘導体です。プラスチックによっては重量の50％程度の可塑剤が入っているといいます。

2 ポリマーアロイ

　何種類かの高分子（ポリマー）を混ぜた混合プラスチックを、金属の合金（アロイ）に倣ってポリマーアロイといいます。

　ポリマーアロイの問題点は、高分子は均一に混じりにくいということです。高分子Aと高分子Bをただ混ぜて撹拌しただけでは、組成が均一な混合物にならず、AのブロックとBのブロックの寄せ集まりになってしまいます。これでは期待した性能が発現しないだけでなくブロックの接合面から破壊が進行し、プラスチックの性質はむしろ改悪されます。

　この不具合を解消するために用いられるのがコンパティビライザー（コンパティブル：両立可能）といわれる物質です。これを加えるとこの分子が両高分子の仲立ちとなって、均一な組成のポリマーアロイができるのです。

　よい成績をあげるコンパティビライザーは、高分子AとBの単位分子を混ぜて作った共重合体であることが多いようです。

第6章 高分子の化学的性質

図1 可塑剤

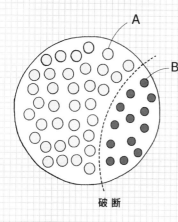

DOP（フタル酸ジ-2-エチルヘキシル）　　　DBP（フタル酸ジブチル）

図2 コンパティビライザー

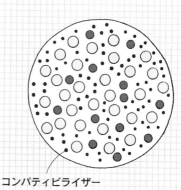

破断　　　　　　　　　　コンパティビライザー

> AとBを混ぜただけでは互いに集団を作ってしまい、均一に混じることはありません。コンパティビライザーは仲人のように両者の間を取り持ってくれます。

ポイント
- 高分子の改質には可塑剤添加、ポリマーアロイ作成などがある。
- 可塑剤にはテレフタル酸誘導体が多い。
- ポリマーアロイにはコンパティビライザーが必要である。

079

第7章

材料としての
高分子

合成高分子は 20 世紀になって人類が手にした新しい材料です。それまでの金属、木材、焼き物、ガラスなどの材料に比べて機械的強度は勝り、耐熱性も十分にあり、しかも軽くて柔軟という多くの利点を持っています。

7-1 天然ゴムの構造と弾性

分子構造の明らかな合成高分子の最初の例はナイロンです。ナイロンはストッキングの素材として脚光を浴びました。高分子はその誕生から、素材として生きるように運命づけられているのかもしれません。

1 天然ゴムの構造

人類がゴムを知ったのは天然ゴムを通じての話です。天然ゴムというのはゴムの木の幹に傷をつけると沁みだす樹液を濃縮した粘稠(ねんちゅう)な物質です。この物質は軟らかくて変形性に富み、伸ばすとどこまでも伸び、やがてぷつんと切れてしまいます。まるでチューインガムです。

この天然ゴムが、伸び縮みするようになったのはイオウを加えたことによるのです。これが先に見た加硫による架橋反応です。

天然ゴムの分子構造は簡単です。単位分子はイソプレンという炭素5個からなるものであり、二重結合を2個持っています。これが重合すると天然ゴムの構造になります。これをイソプレンゴムともいいます(図1)。

2 エントロピー

天然ゴムの分子は長い高分子です。引っ張れば互いに離れて最後には切れてしまいます。ところがここに加硫すると架橋構造ができ、どこまでいっても各分子は離れなくなります(図2)。ここで弾性が生じるのです。

それでは、網が延びるように伸びたゴムの架橋された分子が、元の状態に縮もうとするのはなぜでしょう？この現象はゴムに顕著なので特にゴム弾性といわれることがあります。問題はゴム弾性の原因は何か？ということです。

これが、「自然は乱雑を好む」という、まるで禅問答のようなことが原因なのです。化学では乱雑さの尺度をエントロピーという指標で表します。

箱を板で二つに仕切り、それぞれの部屋に気体A、Bを入れます。仕切りの板を取り去ったら二種の気体は混じってしまいます。この逆の現象は絶対に起こりません。仕切った状態は整然とした状態、混じった状態は乱雑な状態です。つまり、自然は整然とした状態から乱雑な状態に変化するのです。これをエントロピーが増大したと表現します。自然の変化はエントロピーの増大する方向に変化します。伸びたゴムが縮むのもエントロピーが原因になっています。

第7章 材料としての高分子

図1　イソプレンゴム

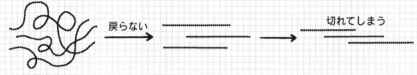

図2　天然ゴムの弾性

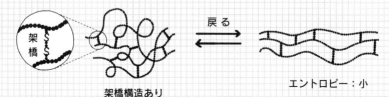

伸びた状態のゴムはこれ以上変形のしようがありません。すなわち、エントロピーの小さい、整然とした状態です。それに対して縮んだ状態はどのようにでも変形できるエントロピーの大きい状態です。このため、ゴムは縮むのです。このような弾性をエントロピー弾性といいます。

- ●天然ゴムはイソプレンの重合したイソプレンゴムである。
- ●自然界は乱雑な方向、エントロピーの大きな状態に変化する。
- ●ゴムの弾性はエントロピーの原則に従ったものである。

083

7-2 合成ゴムの種類と性質

ゴムには天然ゴムと合成ゴムがあります。ところが、合成ゴムには化学的に天然ゴムとまったく同じものが存在するのです。それがイソプレンゴムであり、合成天然ゴムといわれるゆえんです。

❶ ゴムの弾性

前節で見た原則に従えば、網を引っ張って直線状にした状態では、網は整然とした形であり、それ以外の形を取ることはできません。それに対して、縮んだ状態の網はどのような形にでも変化することができ、いわば乱雑な状態なのです。

自然は乱雑を好みます。そのため、伸びたゴムは縮まろうとするのです。つまり、エントロピーの大きな状態になろうとするのです。このような弾性を特にエントロピー弾性と呼びます。

❷ 合成ゴムの種類

合成ゴムはパンツのゴムから自動車、航空機などのタイヤの原料まで、幅広い需要を誇っています。それだけにそれぞれの需要に応じて各種の合成ゴムが開発されています。それを表1にまとめました。イソプレンゴムは、化学的に見ると天然ゴムと同じなので、特に合成天然ゴムといわれます。

また SBR や NBR は二種類の単位分子を用いた共重合体となっています。

これらはいずれもゴムとして用いる場合には、加硫などの操作によって架橋構造を作ることが必要です。

❸ 熱可塑性エラストマー

架橋操作を施した加硫したゴムは、熱硬化性分子と同じであり、加熱しても軟化せず、成型が困難です。

そこで、常温では架橋したゴムと同じエントロピー弾性を持ち、加熱すると熱可塑性高分子と同様に軟化するという優れものが開発されました。それが熱可塑性エラストマーです。

これはブタジエンとスチレンの共重合体です。ブタジエンの重合体部分はブタジエンゴムです。しかし、ポリスチレン部分は結晶です。つまり、この部分が架橋部分の役目をして、分子鎖が引き離されるのに抵抗するのです。分子設計の華々しい成功例の一つといえるでしょう。

084

第7章 材料としての高分子

図1　各種の合成ゴム

名称	モノマー	ポリマー	特色
合成天然ゴム	$CH_2=C(CH_3)-CH=CH_2$ イソプレン	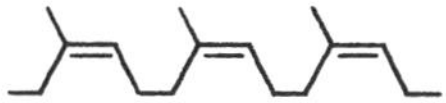 	天然ゴムと同じ分子構造
Bunaゴム	$H_2C=CH-CH=CH_2$ ブタジエン	$-(CH_2-CH=CH-CH_2)-$	高反発弾性 スーパーボール
SBR	$H_2C=CH-CH=CH_2$ $H_2C=CH-C_6H_5$ 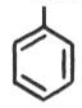 スチレン	$-(H_2C-CH=CH-CH_2-CH_2-CH(C_6H_5))-_n$ 	スチレン25% タイヤ用 スチレンユニットが加硫の役割
NBR	$H_2C=CH-CH=CH_2$ $H_2C=CH-CN$ アクリロニトリル	$-(H_2C-CH=CH-CH_2-CH_2-CH(CN))-_n$	耐油性
EP	$H_2C=CHCH_3$ プロピレン $H_2C=CH_2$ エチレン	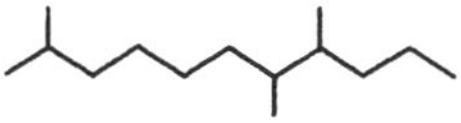 	ランダムなメチル基が結晶化を乱す耐劣化性

図2　熱可塑性エラストマー

ブタジエン部分（非晶性）

スチレン部分（結晶性）

加熱 →

離れてしまう

ゴムの性質　　　　熱可塑性樹脂の性質

スチレン部分が結晶性のため、架橋の役割をしてくれます。

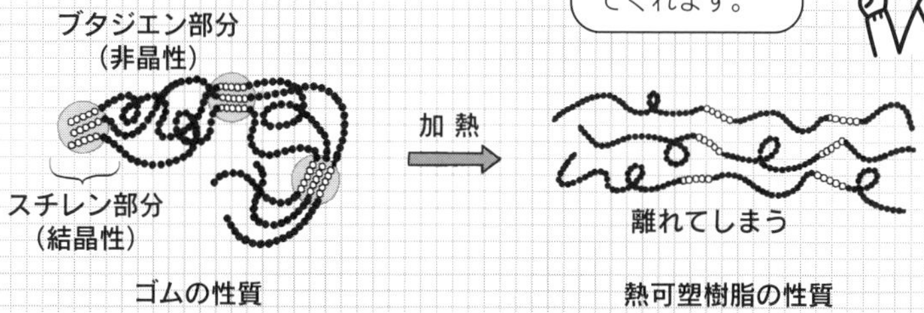

ポイント
- 合成ゴムには多くの種類があるが共重合体が活躍している。
- 熱可塑性エラストマーはゴムの性質と、熱可塑性樹脂の成型しやすさという、両方の利点を兼ね備えている。

7-3 合成繊維の種類と性質

ジュースを入れるペットボトルと洋服の生地、随分違うように思われますが化学的に見れば同じ高分子です。高分子は分子の集合状態の違いによって性質が大きく変化します。

1 プラスチックと繊維

先にプラスチックにおける高分子の分子鎖の集合状態を見ました。ランダムなアモルファス部分と規則性のある結晶性部分がありました。合成繊維というのは、全ての部分が結晶性でできた高分子の集合体です。

その構造は合成繊維の作り方を見ればよくわかるでしょう（図1）。合成繊維を作るには、熱可塑性高分子を加熱して融かした液体をプランジャーに入れ、ノズルから押し出して細い糸にします。そしてこの糸をドラムに巻きつけて高速で巻き取り、糸を更に細く引っ張ります。この過程で全ての高分子鎖は一定方向に揃い、結晶状になるのです。

2 特殊繊維

合成繊維は衣服に加工されて直接肌に触れますから、丈夫というだけでは機能不足です。風合いが必要になります。そのためにいろいろの工夫がなされています。繊維の断面を円だけでなく、楕円、星形、中空などいろいろに工夫したものがあります。

・極細繊維

これはそれまでの繊維の直径を一挙に小さくした画期的な繊維ですが、作成に工夫がありました。これは繊維素材の高分子と、溶媒に可溶な高分子を混ぜて繊維を作るのです。その後、繊維を溶媒に漬ければ溶媒に可溶な高分子は溶け去り、繊維分だけが残るというわけです。

・形状記憶繊維

天然の植物繊維で織った生地は、風合いはよいのですが、洗濯すると縮んだりしわになります。これを防ぐのが防しわ加工です。これは、繊維がしわになる前の形状を記憶させる操作です。

これは熱硬化性樹脂と似た原理です。繊維の間に架橋構造を作り、変形しにくくするのです。具体的には繊維をホルムアルヒドなどと反応します。すると先にフェノール樹脂の項で見たのと同じような反応が起こり、架橋構造ができるのです（図2）。

086

第 7 章　材料としての高分子

図1　極細繊維の作り方

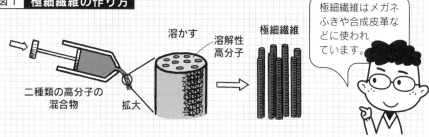

極細繊維はメガネふきや合成皮革などに使われています。

図2　形状記憶繊維の化学式

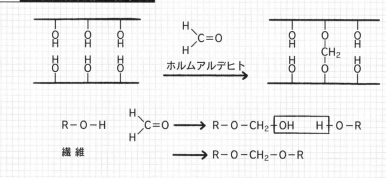

表1　合成繊維の例

名称	原料	構造	用途
ナイロン66	$HO_2C-(CH_2)_4-CO_2H$ $H_2N-(CH_2)_6-NH_2$	$\{\overset{O}{\overset{\|}{C}}-(CH_2)_4-\overset{O}{\overset{\|}{C}}-\overset{H}{\overset{\|}{N}}-(CH_2)_6-\overset{H}{\overset{\|}{N}}\}_n$	ストッキング ベルト ロープ
ポリエステル	$HO_2C-\bigcirc-CO_2H$ $HO-CH_2CH_2-OH$	$\{\overset{O}{\overset{\|}{C}}-\bigcirc-\overset{O}{\overset{\|}{C}}-O-CH_2CH_2-OH\}_n$	Yシャツ 混紡
アクリル	$H_2C=CH-C\equiv N$	$\{CH_2-CH\}_n$ 　　　$\|$ 　　　$C\equiv N$	セーター 毛布

● 合成繊維は結晶性部分だけでできたプラスチックである。
● 極細繊維は2種類の高分子の混合物で繊維を作り、片方を溶かし去る。
● 防しわ加工はホルムアルデヒト等で繊維間に架橋構造を作る。

087

7-4 汎用樹脂の種類と性質

プラスチックを用途、需要、価格などで分類した場合の一種として汎用樹脂があります。身の回りにある普通のプラスチックであり、大量生産されるため安価です。

❶ 汎用樹脂の性質と用途

　汎用樹脂の定義は主に経済、産業の面から下されたものであり、化学的なものではありません。その特徴は大量に生産されて大量に消費され、結果的に価格も安いということです。一方、性能的に見た場合の特徴は耐熱性が低いということです。概ね150℃以下となっています。

　汎用樹脂の用途は、身の周りのプラスチックのほとんど全てが汎用樹脂であることからわかるように、無限といってよいほどです。固形のプラスチックとしては台所の食品容器、バケツ、家電製品の外装、文房具などがあります。柔軟なものとしてはビニールシート、チューブなどがあります。

❷ 汎用樹脂の種類

　汎用樹脂の話に出てくるのが五大汎用樹脂という言葉ですが、何がこれに当てはまるのかはハッキリしていません。ポリエチレン、ポリプロピレン、ポリスチレン、ポリ塩化ビニルの4種が入ることは間違いないようですが、5番目は不明確です。

　汎用樹脂の主なものを表1にまとめました。

　ポリエチレンには高密度ポリエチレンと低密度ポリエチレンがあります。高密度ポリエチレンは分子構造において枝分かれが少ないので結晶性がよく、密度は0.942以上となります。硬くて不透明であり、耐熱性も高くなります。それに対して低密度ポリエチレンは枝分かれが多くて結晶性が低いので密度は0.942以下です。軟らかいのでフイルムやポリ袋などに用いられます。

　ポリスチレンは発泡剤で膨らませて包装の緩衝材や断熱材、あるいはスーパーの刺身のトレイなどに用いられます。複数の単位分子からできた共重合体であるAS樹脂、ABS樹脂などは衝撃に強いなどの優れた性質があるため、家電製品の外装などに用いられます。

088

第7章 材料としての高分子

表1　主な汎用樹脂

	名称	単位分子	構造	用途
単一素材	高密度ポリエチレン	$H_2C=CH_2$	$\left[\begin{array}{cc}H & H \\ -C-C- \\ H & H\end{array}\right]_n$	容器 フィルム ポリ袋
	低密度ポリエチレン			
	ポリプロピレン	$H_2C=CH$ 　　　CH_3	$\left[\begin{array}{cc}H & H \\ -C-C- \\ H & CH_3\end{array}\right]_n$	容器 家電製品 自動車部材
	ポリスチレン	$H_2C=CH$ 　　　⌬	$\left[\begin{array}{cc}H & H \\ -C-C- \\ H & ⌬\end{array}\right]_n$	発砲スチロール 家電製品 断熱材
	ポリ塩化ビニル	$H_2C=CHCl$	$\left[\begin{array}{cc}H & H \\ -C-C- \\ H & Cl\end{array}\right]_n$	パイプ ホース 電線の被覆材
複数素材	AS樹脂	$H_2C=CH-C≡N$ $H_2C=CH-⌬$		容器 家電製品 自動車部材
	ABS樹脂	$H_2C=CH-C≡N$ $H_2C=CH-CH=CH_2$ $H_2C=CH-⌬$		容器 家電製品 自動車部材

高密度ポリエチレン

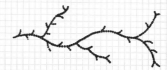

低密度ポリエチレン

低密度ポリエチレンは柔らかいので可塑材を用いる必要がありません。

ポイント
- ●大量生産、大量消費、安価なものを汎用樹脂という。
- ●汎用樹脂の多くはポリエチレン誘導体である。
- ●複数種類の単位分子からできたものは荷電製品の外装などに使われる。

089

7-5 工業用樹脂の種類と性質

主に工業用の用途で使われ、高性能、少量生産、高価格のプラスチックを工業用樹脂といいます。これはエンプラ（エンジニアリングプラスチック）ともいわれ、五大エンプラが知られています。（表1）-----------

1 ポリアミド -----------

アミド結合でできた高分子であり、ナイロンがよく知られています。エンプラとしてよく知られたものはケブラー®とノーメックス®です。ケブラー®は分子の対称性がよいので結晶性が高く、強度は鋼鉄よりも高く、しかも軽量なので防弾チョッキなどに用いられます。ノーメックス®は非対称なので結晶性が落ち、成型加工がしやすくなります。防火性が強いので、消防士の制服などに使われます。

2 ポリエステル -----------

ポリエステルとしてはペット（PET）が有名ですが、工業的にはポリブチレンテレフタレートもよく使われます。耐熱性、絶縁性が高いので、電気、電子部品や自動車部品などに使われます。

3 ポリアセタール -----------

ポリオキシメチレンともいわれ、ホルムアルデヒドのみからできた高分子です。枝分かれ構造がないので結晶性が高く、融点が高く、しかも機械的強度、耐摩耗性も高いので、最も金属に近いプラスチックといわれます。歯車、軸受けなど、機械部品として用いられます。

4 ポリカーボネート -----------

耐熱性、耐衝撃性が高く、そのうえ透明度が高いので、窓ガラス、照明器具、携帯電話、テレビなど、家庭用、家電用として広く使われています。

5 ポリフェニレンエーテル -----------

耐熱性に優れていますが、成型が困難という欠点があります。そのため、先に見たポリマーアロイの技術を使って、ポリスチレン系のプラスチックと混合して使います。

第7章 材料としての高分子

表1 五大エンプラ

名称	原料	構造	性質
ポリアミド	H₂N-C₆H₄-NH₂ HOOC-C₆H₄-COOH	ケブラー	軽量 高強度 耐熱性
	H₂N-C₆H₄-NH₂ (meta) HOOC-C₆H₄-COOH (meta)	ノーメックス	軽量、高強度 耐熱性、難燃性 成形容易
ポリエステル	HO(CH₂)₄OH HOOC-C₆H₄-COOH	ポリブチレンテレフタレート	熱安定性 電気的特性
ポリアセタール	H₂C=O	$+(CH_2O)_n+$ ポリオキシメチレン	高強度 耐摩耗性
ポリカーボネート	COCl₂ (ホスゲン) HO-C₆H₄-C(CH₃)₂-C₆H₄-OH	(ビスフェノールA カーボネート構造)	透明性 耐衝撃性 熱安定性
ポリフェニレンエーテル	2,6-ジメチルフェノール	(2,6-ジメチル-1,4-フェニレンエーテル)	耐熱性 耐薬品性

耐熱性、機械的強度ともに金属に匹敵する高分子です。最近では有機物は金属に置き換わりつつあります。

ポイント
- 高性能、少量生産、高価格のプラスチックをエンプラという。
- ケブラー®は硬くて軽いので防弾チョッキになる。
- ポリアセタールは最も金属に近いプラスチックといわれる。

7-
6

無機高分子

普通のプラスチックは炭素と水素を主成分とした有機物ですが、高分子には有機物以外のものもあります。ケイ素樹脂や炭素樹脂がよく知られています。

1 炭素樹脂

2011年に就航した次世代旅客機ボーイング787では、気体重量の約50%をカーボンファイバーが占めていました。カーボンファイバーは次節で見る複合材料であり、炭素繊維を熱硬化性樹脂で固めたものです。カーボンファイバーの比重は鉄の1/4、強度は鉄の10倍もあり、伝導性もあります。

炭素繊維は図1のようにして作ります。ポリアクリロニトリル1を加熱すると閉環して2となります。2を更に加熱すると二重結合が入って3となります。そして更に加熱すると窒素Nが抜けて炭素繊維4となるのです。4は炭素だけからできた化合物です。4は層状構造のグラファイト（黒鉛）の一層と見ることもできます。

2 ケイ素樹脂

ケイ素Siを含んだ高分子には二種類あります。

・ポリシラン

主鎖がケイ素原子だけからできた高分子です。高い耐熱性を持つなど、材料としても優れていますが、高い屈折率と発光性を持つなど、光学的に特殊な性質を持ちます。ポリシランを蒸し焼きにすると水素が脱離し、炭化ケイ素SiCからできた繊維、すなわちセラミックス繊維になります。これは高い耐熱性と大きい機械的強度を持ち、スペースシャトルにも使われています。

・ポリシロキサン

一般にケイ素樹脂という場合にはこちらを指し、シリコーンあるいはシリコンゴムとも呼ばれます。ケイ素と酸素が一つ置きに並んだシロキサン骨格を持っています。

柔軟で弾力性に富み、耐熱性、耐薬品性、耐摩耗性が強いので、フイルム、チューブなどに加工して、理化学機器、医療用機器に広く使われています。

092

第7章　材料としての高分子

図1　炭素繊維の生成

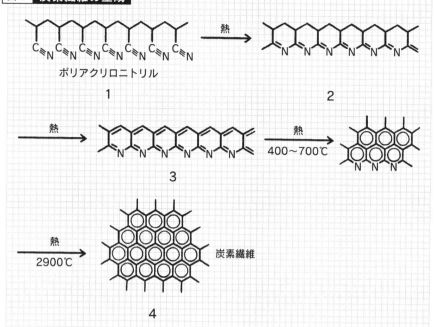

炭素繊維はベンゼン骨格が無数に並んだ平面構造の分子です。これが何層も積み重なったものがグラファイト（黒鉛）です。

図2　ケイ素樹脂

- 炭素繊維は炭素だけからできた高分子で二次元構造である。
- ポリシランは主鎖がケイ素だけでできた高分子である。
- ポリシロキサンは主鎖がケイ素と酸素からできた高分子である。

複合材料

製品を作る材料にはいろいろな種類があります。高分子もその一種ですが、他の素材と混ぜると更に高性能の材料となります。そのようにしてできた材料を複合材料といいます。

1 複合材料の原料

複合材料の原料と製品はたくさんあります。鉄筋コンクリートはその一種です。鉄の伸びに対する強さと、コンクリートの圧縮に対する強さが相乗してすばらしい建築材料となっています。

このような複合材料の素材として、高分子も活躍しています。複合材料というのは、まったく異なる素材を組み合わせた材料のことをいいます。鉄筋コンクリートと共によく知られているのはグラスファイバーでしょう。これはガラスを細く延伸して繊維状にしたガラス繊維を組み合わせて織物状にしたものを、熱硬化性高分子の原料に浸潤し、その状態で加熱して高分子化したものです。

一般に、ガラス繊維を繊維、それを固める媒体をマトリックスといいます。繊維分にはガラス、金属細線、カーボン繊維など多くの種類があります。マトリックス分は、多くは熱硬化性樹脂のフェノール樹脂などですが、ナイロン、ポリフェニレンなどの熱可塑性樹脂も使われるようになっています（図1）。

2 複合材料の強度

複合材料はその意図のとおり、繊維になる高分子、マトリックスになる高分子、そのいずれよりも優れた性能を持つことが知られています。

表1は、熱硬化性樹脂の一種であるエポキシ樹脂をマトリックスとした場合の、各種複合材料の引っ張り強度の比較を示したものです。強度は繊維部分とマトリック部分の性質が異なるものがよいようです。

すなわち、ガラス繊維では高分子で補強することによって1.4倍もの強度になり、アルミニウム繊維では27倍近くになっています。これは高分子はそれ自体でも優れた性質を持っているが、他の異質の素材と組み合わせると、更に優れた性能を引き出す能力を持つということを示すものです。

第7章 材料としての高分子

図1　グラスファイバーの材料

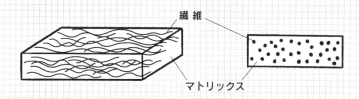

繊維分	ガラス繊維、ボロン繊維、アラミド繊維、金属繊維、カーボン繊維、高強度ポリエチレン
マトリックス分	エポキシ樹脂、フェノール樹脂、ナイロン、ポリフェニレンスフィド、ポリエーテルスルホンポリイミド

図2　ボートの竿の材料

二種類以上の材料を組み合わせて作る複合材料には、多くの種類があります。人体も骨格と筋肉の組み合わせからなる複合材料でできていると見ることができるかもしれません。

表1　複合材料の強度

		ガラス繊維	炭素繊維	アラミド繊維	高強度ポリエチレン	Al_2O_3繊維
引っ張り強度 GPa	単体	2.7	3.5	3.6	2.5	2.5
	複合材料	39	49	29	7.9	67

マトリックス：エポキシ樹脂

- 異なる種類の素材を組み合わせた材料を複合材料という。
- グラスファイバーはガラス繊維と有機高分子の組み合わせである。
- カーボンファイバーは炭素繊維と有機高分子の組み合わせである。

第8章
生体を作る高分子

材料である高分子はいろいろな製品を作りますが、その最高のものは私たち人間を含んだ生体でしょう。デンプン、セルロース、タンパク質、さらには遺伝を司る DNA も高分子なのです。

8-1

多糖類

先に見たように、高分子にはいろいろな種類があります。ここまでは人工的に作られた合成高分子について見てきました。しかし高分子には自然界に存在するものもあります。このようなものを天然高分子といいます。

🔢 単糖類

　自然界には多くの高分子があります。そのようなものを一般に天然高分子といいます。天然高分子はザックリと分類することができます。糖類、タンパク質、核酸（DNA）です。糖類には大きく分けて、単糖と二糖と多糖があり、そして単糖類には図1に示したいくつかのものが知られています。

　多糖類は、具体的にはセルロースやデンプンです。これらはその名前のとおり、単糖類であるグルコースが多く結合してできた高分子です。問題はそのグルコースです。これは6個の炭素からできた化合物ですが、その構造は溶液中では決まっていません。あるときには鎖状グルコースB、あるときに環状のα-グルコースA、そしてあるときには環状のβ-グルコースCと、いろいろな形を取ります（図2）。

　AとCは立体異性体の関係になります。そしてこのような混合物を一般に平衡混合物といいます。

🔢 α-グルコースとβ-グルコース

　グルコースが結合して多糖類になるときには環状の構造をとって結合します。したがって、α-形かβ-形をとって結合することになります。このとき、α型のグルコースでできた高分子がデンプンであり、β形のグルコースでできたものがセルロースなのです（図3）。

　したがって、セルロースでもグルコースでも、体内に入って消化分解されてグルコースになれば、全て同じように栄養源になるはずです。問題は私たちの体内にある消化酵素です。この酵素はα-グルコースからできた結合は分解できますが、β-グルコースからできた結合を分解することはできません。そのため、β-グルコース分解酵素を持たない私たちはセルロースを分解できないために、草や木材を消化吸収できないという悲しい現実に向き合うことになるのです。

098

第8章　生体を作る高分子

図1　単糖類

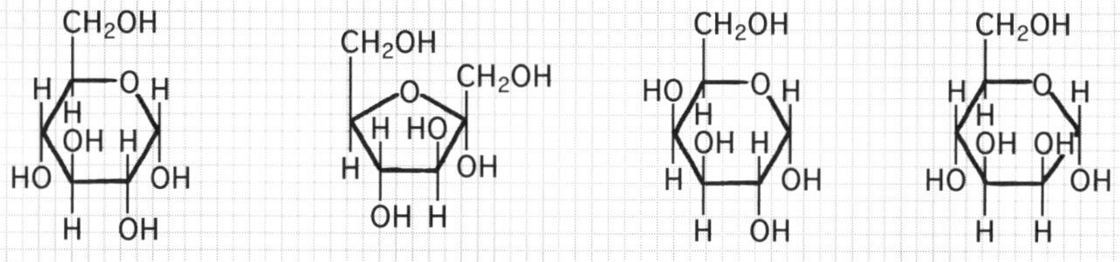

グルコース（ブドウ糖）　　フルクトース（果糖）　　ガラクトース　　マンノース

図2　ブドウ糖の立体構造

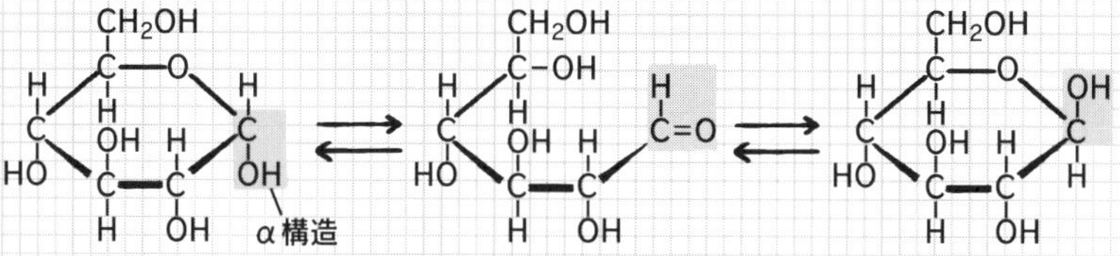

A α-グルコース　　B 鎖状構造　　C β-グルコース

α構造

図3　多糖類の立体構造

デンプン（アミロース）

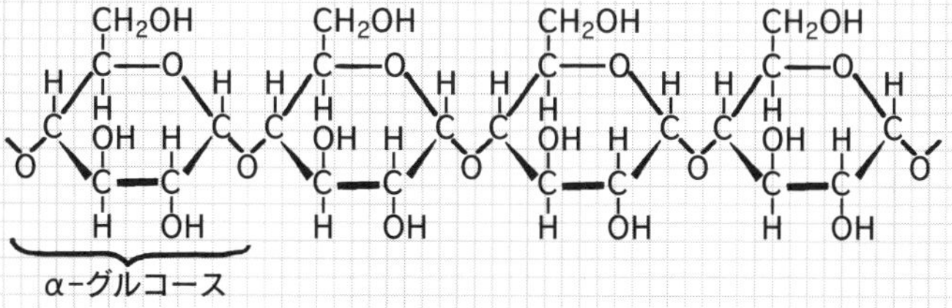

α-グルコース

セルロース

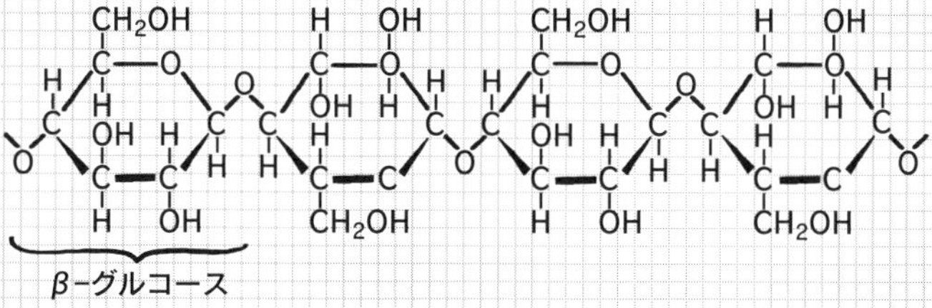

β-グルコース

デンプンもセルロースも分解されれば同じグルコースになります。

- デンプンやセルロースはグルコースからできた高分子である。
- グルコースには鎖状と二種類の環状、合計3種類の異性体がある。
- デンプンもセルロースも分解されれば同じグルコースとなる。

8-2 多糖類の立体構造

デンプンは単一の単位分子、α−グルコースからできた天然高分子ですが、アミロースとアミロペクチンの二種類があります。そしてアミロースはらせん構造をとっています。

■ アミロースとアミロペクチン

デンプンには二つの形、アミロースとアミロペクチンがあります（図２）。アミロースというのはグルコースが直線状に繋がったものであり、前項でデンプンとして紹介した構造を延長したものです。

それに対してアミロペクチンというのは所々に枝分かれ構造を持ったものです。もちろんデンプンですからグルコースはα型を取っています。しかし、枝分かれのところでは側鎖の CH_2OH 部分を使って結合しているのです。コメの場合、モチゴメはほぼ100%がアミロペクチンですが、普通のご飯にするウルチマイは20%ほどのアミロースを含んでいます。

■ アミロースのらせん構造

アミロースはグルコースが連なった鎖状の分子ですが、実はらせん構造を取っていることが知られています。グルコース分子およそ６個ほどでらせん一巻に相当するらせん構造なのです（図１）。

このようなデンプン溶液にヨウ素 I_2 を加えると、らせんの中にヨウ素分子が入り込みます。その結果、デンプン溶液に青から赤の色が表れるのがヨウ素デンプン反応といわれるものの原理です。この溶液を暖めると分子運動が激しくなり、ヨウ素がらせん構造から脱出するので、色が消えます。

■ α−デンプンとβ−デンプン

デンプン分子は互いの間に水素結合を作って何本もが固まっています。つまり結晶状態になっているのです。この状態をβ−デンプンといいます。これに水を加えて加熱すると、水素結合が切断されて結晶状態が崩れます。これをα−デンプンといいます。

生のコメはβ−型であり、それを焚いたご飯はα−型になっています。α−型を水分存在下で冷却するとまたβ−型に戻ります。α−型は消化されやすく、β−型は消化されにくいといわれますが、この分類は日本だけのもので、国際的には認められていません。

100

第8章 生体を作る高分子

図1 アミロペクチン（デンプン）

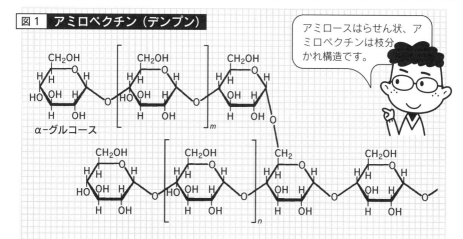

アミロースはらせん状、アミロペクチンは枝分かれ構造です。

図2 アミロースとアミロペクチン

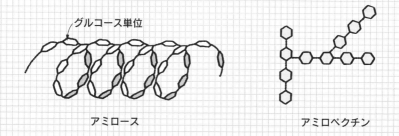

コラム　サプリメントとしての多糖類

最近、健康を維持するためのサプリメントがたくさん出回っています。その中にはヒアルロン酸、コンドロイチン、キチンなどがあります。これらは多糖類の一種なのです。このような糖類を一般にムコ多糖類といいます。ムコ多糖類はグルコサミンのように窒素を含んだ単位糖を含んでいることが特徴です。

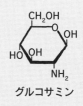

グルコサミン

- 直線状のアミロースと枝分かれしたアミロペクチンがある。
- デンプンの直線状部分はらせん構造を取っている。
- デンプンには結晶状のβ-型、そうでないα-型がある。

101

タンパク質

8-3

タンパク質は筋肉や贅肉になるだけではありません。生化学反応を支える酵素、DNA の遺伝情報を実現させる酵素として生命を支えています。

◪ アミノ酸

　タンパク質は20種類のアミノ酸を単位分子とした天然高分子です。アミノ酸は1個の炭素に適当な置換基 R、水素 H、アミノ基 NH_2、カルボキシル基 COOH が結合した分子です。このように互いに異なる4個の置換基が結合した炭素は、一般に不斉炭素と呼ばれ、光学異性体を作ります。

　光学異性体というのは図1のような立体異性体の一種であり、右手と左手の関係のように互いに鏡像関係にあるものをいいます。光学異性体は互いに異なる化合物ですが化学的性質はまったく等しいという特徴があります。ただし光学的性質と生理的な性質はまったく異なります。

　実験室でアミノ酸を合成すると一組の光学異性体、D 体と L 体の1:1混合物であるラセミ体ができます。しかし自然界に存在するアミノ酸はほとんど全てが L 体です。その理由は誰にもわかりません。

◪ ポリペプチド

　先に見たナイロン6の結合と同じように2個のアミノ酸は互いのアミノ基とカルボキシル基の間で脱水縮合反応であるアミド化反応を起こして結合することができます。ただし、アミノ酸の間の脱水縮合反応は特にペプチド化といい、2個のアミノ酸が結合したものをジペプチドといいます。

　この反応を繰り返すと、いくらでも多くのアミノ酸を結合することができます。このようにしてできた高分子をポリペプチドといいます。ポリペプチドの構造では20種類のアミノ酸の結合順序が非常に大切であり、これを特にタンパク質の一次構造、あるいは平面構造といいます（図2）。

　しかし、ポリペプチドはタンパク質のための必要条件に過ぎず、十分条件ではありません。すなわち、ポリペプチド＝タンパク質ではないのです。ポリペプチドの中の限られたエリートだけがタンパク質と呼ばれるのです。そのための条件は立体構造です。タンパク質ではその立体構造が非常に重要な役割を演じるのです。

102

第8章 生体を作る高分子

図1 アミノ酸における光学異性体

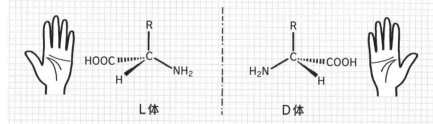

図2 ポリペプチドの構造

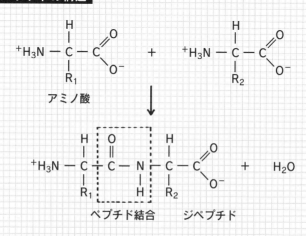

アミノ酸のRは20種類、つまり、アミノ酸は20種類あることになります。その結合順序が大切なのです。

- アミノ酸には光学異性体が存在する。
- アミノ酸の結合をペプチド結合といい、生成物をポリペプチドという。
- ポリペプチドのうち、特別の条件を満たしたものをタンパク質という。

103

タンパク質の立体構造

タンパク質の立体構造は複雑です。しかし、規則性があります。それは二次構造から四次構造までの三段階に分けて考えることができます。

◪ タンパク質の二次構造

タンパク質の立体構造は単位立体構造の組み合わせと考えることができます。この単位立体構造を二次構造といい、αヘリックスとβシートの二種類があります。

αヘリックスはらせん構造であり、ポリペプチド鎖が右ネジの方向にねじれています。βシートはポリペプチドの部分鎖が縦に並んだ部分であり平面状になっています。ポリペプチドがこのような構造を取り、それを維持できるのは水素結合のおかげです。

◪ タンパク質の三次構造

タンパク質全体の立体構造は、いくつかのαヘリックス構造とβシート構造が連結することによってできています。この連結部分をランダムコイルといいます。そして、この全体の立体をタンパク質の三次構造といいます。

◪ タンパク質の四次構造

多くのタンパク質の立体構造はこの三次構造で完成です。しかし、更に複雑な立体構造を持つものもあります。それが、哺乳類の赤血球中にある酸素運搬タンパク質であるヘモグロビンです。

ヘモグロビンは微妙に構造の異なった2種類のタンパク質が2個ずつ、合計4個のタンパク質が集まって高次構造体を作っています。もちろん構造体ですから、適当に4個集まったものとは違います。4個の単位タンパク質がきちんと一定の位置関係、方向を保って集合しているのです。

このように複数個の分子が集合して作る高次構造体を一般に超分子といいます。ヘモグロビンはタンパク質という高分子が作る超分子ということになります。超分子を作り、維持する力は水素結合を中心とした分子間力です。

第 8 章　生体を作る高分子

図1　タンパク質の二次構造

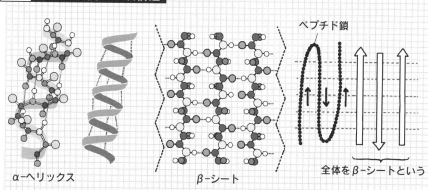

α-ヘリックス　　β-シート　　ペプチド鎖　　全体をβ-シートという

図2　タンパク質の三次構造

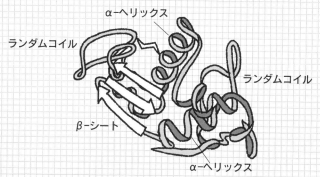

ランダムコイル　α-ヘリックス　ランダムコイル　β-シート　α-ヘリックス

図3　タンパク質の四次構造

タンパク質の立体構造は複雑で精妙ですが、このような立体構造を持ったペプチドだけがタンパク質と呼ばれるのです。

β₂　β₁　α₂　α₁　ヘム

ポイント
- 二次構造にはαヘリックス、βシートがある。
- 二次構造がランダムコイルで結合したものを三次構造という。
- 三次構造のタンパク質が作る高次構造体を四次構造という。

8- 5

DNA

DNA デオキシリボ核酸は遺伝を司る物質としてあまりに有名ですが、天然高分子の一種です。そして二重らせん構造といわれる特殊な構造を持った超分子でもあります。

◼ 1本の DNA の構造

DNA は 4 種類の単位分子からなる高分子です。各単位分子は糖部分、リン酸部分と塩基部分からできています。この塩基部分に 4 種類があり、どの塩基が結合するかによって 4 種類の単位分子になります（図 1）。

塩基はプリン塩基といわれるアデニン（A）とグアニン（G）、ピリミジン塩基と言われるシトシン（C）、チミン（T）です（図 2）。過剰に摂取すると痛風の原因になるといわれるプリンはこのプリン塩基を指します。

単位分子はどの塩基と結合しているかによってそれぞれ A、G、C、T の記号で表されます。DNA はこの 4 種の単位分子が固有の順序で結合したものですが、この順序が遺伝情報になっているのです。

遺伝情報というのは、髪が黒いとか目が大きいということではなく、その人固有のタンパク質の設計図のことです。DNA が指定するのはタンパク質の構造だけであり、そのタンパク質が酵素として固有の働きをすることによって各人の個性が表れるのです。

◼ 二重らせん構造

DNA の構造として二重らせん構造はあまりに有名です。二重らせん構造というのは、らせん構造をした 2 本の DNA 分子が重なっているということです（図 3）。これは 2 本の高分子鎖がキチンとした構造体を作っているのであり、超分子の一種といえます。2 本の DNA 鎖を組み合わせている力はまたしても水素結合です。

図 4 に示したように、4 種の塩基は互いに水素結合によって結びつくようになっていますが、その水素結合ができるのは A–T、G–C の組み合わせに限るのです。A–G や A–C、あるいは A–A の組み合わせでは水素結合はできません。つまり二重らせんを構成する 2 本の DNA 分子は何でもよいというわけではなく、必ず相補的な関係になっています。これが次項で見る DNA の分裂、複製に重要な働きをするのです。

106

第8章　生体を作る高分子

図1　DNAの単位分子の構造

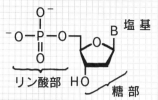

DNAはトンデモナイほど長い化合物ですが、化学的な構造はわりと単純です。

図2　塩基の構造

プリン	ピリミジン
アデニン(A)　グアニン(グアG)	シトシン(C)　チミン(T)

図3　DNAの二重らせん構造

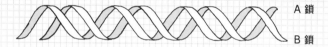

A鎖
B鎖

図4　DNAにおける4種の塩基の水素結合

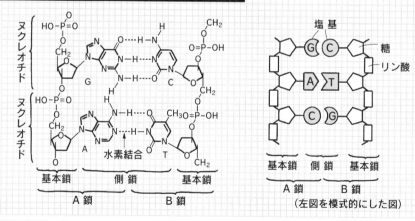

- DNAは4種類の単位分子からなる天然高分子である。
- 4種類の塩基の配列順序がタンパク質の設計図になっている。
- 2本の相補的な関係にあるDNA分子が二重らせん構造を作る。

DNA の機能

DNA は化学的に見れば単なる高分子に過ぎません。しかし生物学的に見れば、遺伝という生物にとって最も崇高な場面を支配しているのです。

◼ 遺伝情報

DNA の機能は大きく分ければ二つあります。一つは母細胞から娘細胞に遺伝情報を伝えるということです。

遺伝というと神秘的に聞こえますが、化学的にいえば大したことではありません。遺伝というのは、前項で見たように、結局は「特定の（酵素）タンパク質のセット」を次世代に伝えるということです。その伝えられた「タンパク質セット」がいわば「特定の職人集団」となって「個性あふれる個人」を作っていくのです。

したがって DNA の遺伝情報はタンパク質の設計図、要するに「20種類しかない」アミノ酸をどのような順序で結合するか、に尽きます。これを DNA は 3 個の単位分子の順序で指定しているのです。これをコドンといいます。単位分子（塩基）は A、G、C、T の 4 種類が存在しますから、コドンの種類は $4^4 = 64$ となります。いくつかのコドンが同じアミノ酸を指定するとすれば、重複の問題は解決されます（図2）。

◼ 分裂と複製

次の問題は遺伝、すなわち細胞分裂に際して、母細胞の DNA がどのようにしてその化学構造を次世代の娘細胞に伝えることができるのか？ということです。

実はこれも化学的には単純なことです。細胞分裂をするときには、元（旧）の二重らせん構造の DNA に酵素（DNA ヘリカーゼ）が付着して、二重らせん構造をほどいていきます。すると、それぞれの DNA 分子に次の酵素（DNA ポリメラーゼ）が付着して、次々と新しい（新）DNA 分子を形成します。

このときに、元の DNA 分子が鋳型の役を果たすのです。前項で DNA の単位分子は A–T、G–C の間でだけ有効な水素結合を作れることを見ました。すなわち、DNA ポリメラーゼは元の DNA に接合できる DNA 単位分子だけを選択することができるのです。このような操作を続ければ、元の DNA 分子に相補的な新しい DNA 分子を作成することができるというわけです。

第8章 生体を作る高分子

図1 コドン (codon)

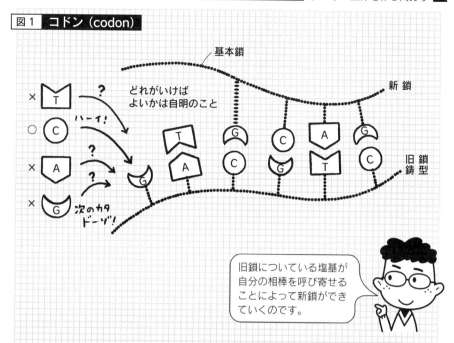

旧鎖についている塩基が自分の相棒を呼び寄せることによって新鎖ができていくのです。

図2 遺伝の細胞分裂と複製

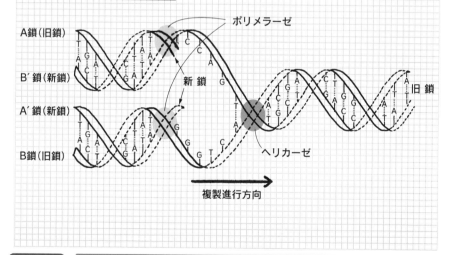

- ●DNAは4種の単位分子のうち3種を使ったコドンでアミノ酸を指定する。
- ●遺伝というのは個人特有のタンパク質の種類ということである。
- ●DNAの複製は、二重らせん構造の片方を鋳型として行われる

109

第9章
機能性高分子

人間に役立つ特別の機能を持った高分子を機能性高分子といいます。水を吸収する、電気を通す、イオンを他のイオンに交換するなど、その機能は多様です。

高吸水性高分子

普通の高分子にはない特別の機能を持った高分子を、特に機能性高分子といいます。高吸水性高分子は、大量の水を吸収し、それを保持するという機能があります。

1 高吸水性高分子の構造

高吸水性高分子は三次元の網目構造をしています。そして主鎖に多くの$-COONa$原子団を持っています。

このプラスチックが水を吸うと、水分子は網目構造の中に入り、網目で保持されて流れ出にくくなります。それだけではありません。この水によって$-COONa$原子団が分解して$-COO^-$イオンとNa^+イオンになります。すると主鎖についた$-COO^-$イオングループが互いに静電反発を起こし、その結果、網目構造が膨らみ、更に多くの水分を吸収することができるようになります（図1）。

このようなことから、このプラスチックは自重の1000倍程度の重さの水を吸収保持することができるようなります。布や紙が吸収できる水分はせいぜい自重の数倍程度ですから、このプラスチックの吸水力の大きさがわかります。

2 高吸水性高分子の用途

このプラスチックは紙オムツや生理用品として広く使われていますが、それだけではありません。砂漠の緑化にも役立っているのです。すなわち砂漠にこのプラスチックを埋め、その上に植物を植えて水をやります。

するとこのプラスチックが水を吸って保持してくれるので、吸水間隔を長くとることができ、植樹した植物の維持管理が容易になります。また、時折降るスコールの雨水を保持してくれるので、植物は雨水を長期間にわたって利用することができるというわけです（図2）。

プラスチックは分解しにくいので環境を汚すものといわれますが、これはプラスチックが環境改善に貢献している例の一つとして見ることができるでしょう。

第9章　機能性高分子

図1　高吸水性高分子の構造

図2　砂漠の緑化への応用

現代の地球上では砂漠化が進行しています。高吸水性高分子はその速度を弱めてくれるかもしれません。

- 高吸水性高分子は三次元網目構造で−COONaを持っている。
- 水を吸うと−COO⁻ができ、これの反発によって網目が広がる。
- 高吸水性高分子は砂漠の緑化に貢献している。

113

導電性高分子

かつて有機物は典型的な絶縁体でした。しかし現在では、伝導性を持つ有機物が開発されました。そればかりではありません。超伝導性を持つものまで実現しています。

■ ポリアセチレン

　白川博士が導電性高分子の開発でノーベル賞を受賞したのは2000年のことでした。この高分子は三重結合を持つ化合物であるアセチレンを高分子化したポリセチレンでした（図1）。

　ポリアセチレンは一重結合と二重結合が一つ置きに連続した構造を持ちます。このような結合は一般に共役二重結合といい、この結合を作る電子は分子全体にわたって広がっており、自由性が高いものと考えられます。

　そのため、ポリアセチレンは伝導性を持つのではないかと期待されたこともありました。ところが実際にポリアセチレンを合成したところ、電気を流さない絶縁体であることがわかりました（図2）。

■ ドーピング

　このようなポリアセチレンが電気を流すようになったのは、少量のヨウ素分子 I_2 を加えたせいでした。このように不純物として加える物質を一般にドーパント、ドーパントを加える操作をドーピングといいます。ポリアセチレンはドーピングによって伝導性が表れたどころではなく、金属並みの伝導性を示したのです。

　ポリアセチレンが絶縁性だったのは、分子内に電子が多すぎたせいでした。自動車が多すぎると渋滞が起こるのと似た原理です。渋滞を解消するには自動車を減らせばよいのです。この役をしたのがヨウ素でした。ヨウ素は電子を奪ってヨウ化物イオン I^- になります。そのため、ポリアセチレン中の電子が少なくなって電子が移動できるようになったのです（図3）。

　この原理がわかってからは、多くの種類の導電性高分子が開発されました。導電性高分子は ATM や有機 EL の柔軟性電極などとして、なくてはならないものになっています。

第9章　機能性高分子

図1　アセチレンとポリアセチレン

$$H-C\equiv C-H \longrightarrow (CH=CH-CH=CH)_n$$

アセチレン　　　　　　　　　ポリアセチレン

図2　ポリアセチレンの伝導性

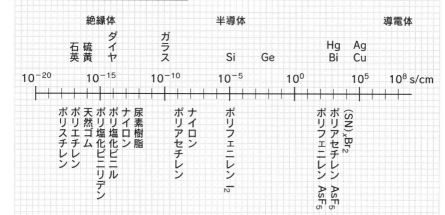

図3　ドーピングで伝導するようになった理由

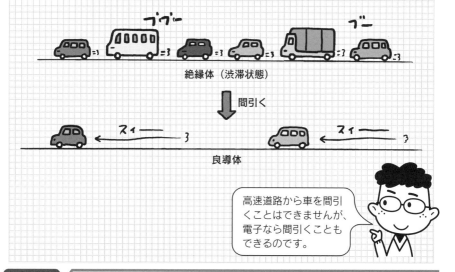

> 高速道路から車を間引くことはできませんが、電子なら間引くこともできるのです。

ポイント
- 導電性高分子はポリアセチレンのように共役二重結合を持っている。
- 伝導性を出すためには適当なドーパントを加えなければならない。
- ドーパントは高分子から電子を奪うことによって伝導性を出す。

115

9-
3

形状記憶樹脂

円盤状のプラスチック板を加熱すると、自分で変形してスープ皿になる。そのようなプラスチックがあります。このプラスチックは自分の本来の形がスープ皿であることを記憶していたのです。

1 形状記憶 --

　上のプラスチック板は、変形してたまたまスープ皿形になったのではありません。このプラスチック板は、以前はスープ皿だったのです。ところが無理に変形されて円盤状になっていたのです。それが暖められたことによって自分の昔の形を思い出し、その形に戻ったのです。

　つまり、昔の自分の形状を記憶していたのです。そのため、このような高分子を形状記憶高分子といいます。

2 形状記憶のメカニズム --

　形状記憶高分子が形状を記憶するメカニズムは、三次元網目構造にカギがあります。そのメカニズムは次のとおりです。

①まず、緩い網目構造の高分子でスープ皿を作ります。この時点でこの高分子はスープ皿の形を記憶したことになります。すなわち、三次元網目構造とスープ皿の構造が一体化しているのです。

②次にこのスープ皿を加熱して軟らかくします。

③これをプレスして円盤にします。そして冷却するのです。冷却された高分子は可塑性を失いますから、形状は円盤のままに固定されます。しかしこの状態では、三次元網目構造と円盤構造は一体化していません。仕方なく円盤形になっているのです。

④この円盤を加熱します。すると柔軟になりますから、高分子は元のスープ皿に戻るというわけです。

　形状記憶高分子はいろいろなところで用いられています。ブラジャーのカップの形を保持する素材もこの高分子でできています。ブラジャーを洗濯するとカップの形は崩れます。しかしこれを身につけると体温でこの素材が自分の本来の形、すなわち美しい円形を思い出し、その形に戻るというわけです。

第9章 機能性高分子

図1 形状記憶樹脂のしくみ

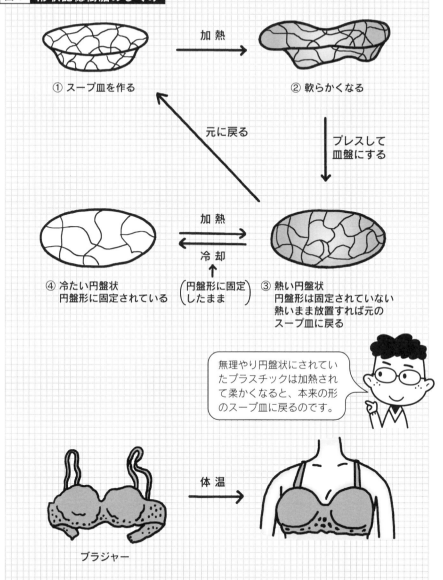

ポイント
- 暖めると以前の形に戻る高分子を形状記憶高分子という。
- 三次元網目構造で作った形が記憶される。
- 加熱して変形されて、再度加熱すると元の形に戻る。

9-4 光硬化性樹脂

液体状の高分子に紫外線を照射すると固化して固体になるものがあります。このような高分子を光硬化性樹脂といいます。印刷の製版などに利用されています。

◼️1 光による網目化

先に見たように、二重結合を持つ高分子に紫外線を照射すると、2本の高分子鎖が互いの二重結合の位置で四員環を形成します。つまり高分子鎖がこの位置で架橋して結合するのです。分子内に多くの二重結合を持つ高分子が、何本も集まってこの反応を行うと、多くの高分子鎖が鎖の途中で結合し合い、集団全体に網目構造が張り巡らされます（図1）。

この分子構造は熱硬化性樹脂と同じものです。つまり加熱されようが何をされようが、ガッチリと形を保ち、決して柔軟化したり、変形することはなくなるのです。

◼️2 用途

光硬化性樹脂の用途の一つは歯科治療です。まず虫歯の部分を削り取って穴を空けます。次にこの穴に液体状の光硬化性高分子を流し入れます。液体ですから穴の形のとおりに流れて入ります。次に紫外線を照射します。すると高分子は固化してしまうので、これで治療完了というわけです。

もう一つの用途は印刷です。金属基板の上にゼリー状の光硬化性高分子を置きます。その上に写真のネガ（陰画）フイルムを置きます。ネガですから、本来黒いところが透明、白いところが黒くなっています。

この状態で光を照射します。するとネガフイルムの透明な部分だけが光を透すので、その部分の光硬化性高分子だけが硬化します。この後に全体を溶媒で洗浄すると、硬化した部分は残りますが、それ以外の部分は溶けて除去されます。

この状態は印刷の活字状態です。この状態の表面にインクを塗布して印刷すれば、ネガフイルムの透明部分、すなわちポジフイルム（写真）の黒い部分が黒く印刷され、写真印刷が完成します。

この技法はフォトレジストと呼ばれ、印刷業界で広く利用されています（図2）。

第 9 章　機能性高分子

図1　光硬化性樹脂

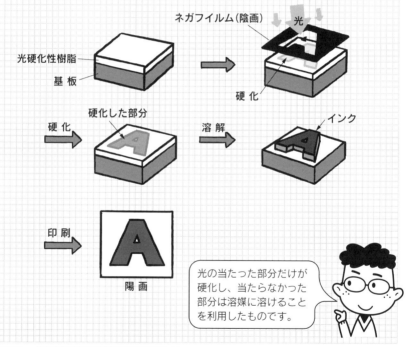

図2　フォトレジスト

> 光の当たった部分だけが硬化し、当たらなかった部分は溶媒に溶けることを利用したものです。

ポイント

- 光を照射すると硬化する高分子を光硬化性高分子という。
- 虫歯治療に利用すると、治療が短時間に簡単に行える。
- 印刷技術にも応用され、それはフォトレジストと呼ばれる。

イオン交換高分子

9-5

ある陽イオン A^+ を他の陽イオン B^+ に変化（交換）させる高分子を陽イオン交換高分子といいます。同じことを陰イオンに対して行うものが陰イオン変換高分子です。

🔳 イオン交換高分子の実際

陽イオン交換高分子の働きは簡単明瞭です。任意の陽イオン、例えばナトリウムイオン Na^+ を他の陽イオン、希望するなら水素陽イオン H^+ に変化させます。

これはしかし原子 Na を他の原子 H に変化させているわけではありません。化学反応にそのような力はありません。陽イオン交換高分子は予め H^+ を用意しているのです。そして、近づいてきた Na^+ を捕まえ、代わりに H^+ を供給します。つまり Na^+ を H^+ に交代（交換）させているのです。そのため、陽イオン交換高分子といわれます。

陰イオン交換高分子も同じことです。あらかじめ陰イオンである水酸化物イオン OH^- を用意しておき、近づいた塩化物イオン Cl^- を捕まえて代わりに OH^- を出します。その結果、溶液中からは Cl^- が姿を消し、代わりに OH^- が表れます（図1）。

🔳 イオン交換高分子の用途

適当な容器に陽イオンを H^+ に換える陽イオン交換高分子と、同じく陰イオンを OH^- に換える陰イオン交換樹脂を入れます。この容器に Na^+ と Cl^- を含む水を注いだらどうなるでしょう？

水中の Na^+ は陽イオン交換高分子によって H^+ に交換され、Cl^- は陰イオン交換高分子によって OH^- に交換されます。これは Na^+Cl^-、つまり塩化ナトリウム、食塩 NaCl が、H^+OH^- つまり水 H_2O に交換されたということを意味します。要するに塩水が真水に変化したのです（図2）。

この操作に格別の動力や機械操作は必要ありません。二種類のイオン交換高分子の入ったカラムの上部に海水を入れれば、下から真水が流れ出るのです。救命ボートに必須のアイテムといえるでしょう。

しかし、この能力は無限に続くわけではありません。各高分子が用意した H^+、OH^- を使い尽くしたらそれで終わりです。しかし、HCl 溶液、NaOH 溶液を流せば、各高分子は元の状態に復帰します。

120

図1　イオン交換高分子

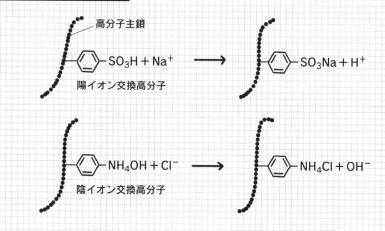

図2　海水を真水に変える用途

イオン交換高分子が海水の NaCl を吸着してくれると考えてもよいでしょう。

ポイント

- イオン交換高分子は溶液中のイオンを他のイオンに交換する。
- Na^+ を H^+ に、Cl^- を OH^- に交換したら、海水を淡水化したことになる。
- これは機械もエネルギーも要せずに海水を淡水化することである。

9-6 接着剤

接着は古くて新しい技術ということができるでしょう。現代では多くの物体同士の接合が接着で行われています。スペースシャトルの耐熱タイルも接着剤でつけられています。

1 接着の原理

接着は二つの物体を接着剤で接合することです。接着において接着剤はどのような働きをするのでしょう？それには二つの説があります（図1）。

一つは物理的なもので、アンカー（錨）法といわれます。どれほど平滑な面でも原子レベルで見れば必ず凸凹があります。軟らかい状態の糊はこの凹み部分に入り込み、その後固化します。すると、両方の物体をまるで錨で繋ぎとめたように固定するという説です。

もう一つは化学的なもので、接着剤が物体の表面にある分子と化学結合をして両方の物体を繋ぎとめるというものです。

2 実際の接着剤

現在の接着剤の多くは、物理的な働きで接着を行っているようです。その接着力は強力で、スペースシャトルの外壁断熱タイルも接着剤で固定されています。

・木工ボンド

紙や木材を張り合わせる白い液体の接着剤です。これはポリ酢酸ビニルを微粒子として水に混ぜた（懸濁）ものです。水が蒸発すると高分子の粒子が融合して固化し、アンカーの役を果たします。

・瞬間接着剤

接着剤の本体は高分子になる前の単位分子です。この分子はシアノアクリレート1といわれます。これを物体に塗布すると、小さい分子ですから物体の凹みの隅々にまで入ってしまいます。

そして空気中の水分 H_2O と反応して双極性の化合物2となります。2はもう一分子の1を攻撃して3になります。このような反応が次々と進行すると、瞬くうちに単位分子1は高分子になってしまいます（図2）。このようにして物体表面の凹みに入り込んだまま固化するので、強力なアンカーになるのです。

第9章　機能性高分子

図1　接着の二つの原理

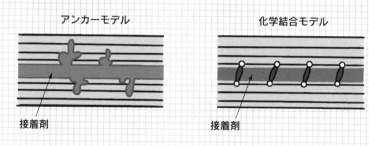

アンカーモデル　　　化学結合モデル

接着剤　　　接着剤

図2　瞬間接着剤の化学反応

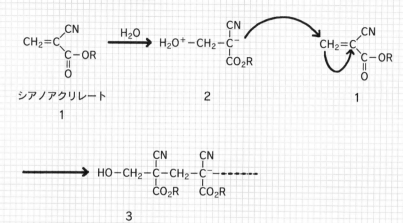

シアノアクリレート
1

2

3

昔の接着剤はノリやニカワでした。ノリはデンプン、ニカワは動物の腱からとったタンパク質でした。つまり昔から接着剤は高分子だったのです。

ポイント

- 接着機構にはアンカー機構と化学結合機構がある。
- 木工ボンドはポリ酢酸ビニルが融合してアンカーとなる。
- 瞬間接着剤は高分子の単位分子が水分と反応して高分子となる。

123

第10章
環境と高分子

環境問題の多くには化学物質が関与しています。高分子も化学物質の一種であり、環境問題に無関心でいることできません。環境問題の軽減、環境浄化のために、高分子に何ができるのかを考えてみましょう。

10-1 高分子と環境問題

地球温暖化、酸性雨、オゾンホールなど、最近の地球にはいろいろな環境問題が起こっています。その中には高分子が原因になっているものもあります。

1 非分解性

プラスチックが環境を害するといわれるのは、用が終わって環境に放置されてからのことが多いようです。プラスチックの長所は丈夫ということですが、これが裏目に出て、いつまでも環境中に存在し続ける、ということになります。

その結果、一つは環境の美観を損ねることがあります。あるいはビニールフイルムをウミガメなどが食べる、釣り糸に海鳥が引っ掛かる、などの被害が出ています（図1）。

2 燃焼生成物

不要になったプラスチックを燃やせば、地球温暖化の原因と考えられる二酸化炭素が発生します。さらには燃焼によって有害物質が生じる可能性があります。ポリ塩化ビニルなどのように、塩素を含む物質と有機物を一緒にして400℃以下の低温で燃焼するとダイオキシンが発生することが知られています（図2）。

3 マイクロプラスチック

最近問題になっているのはマイクロプラスチックです。これは直径5mm以下、多くは1mm以下のプラスチックの微粒子です。

工業的な研磨剤やある種の化粧品に含まれることもあり、またプラスチック製品を作るための原料プラスチックになることもあります。特に問題になるのは普通のプラスチック製品が海洋に流れ出て、漂ううちに壊れてできるものです。

これを海洋の小動物が食べると、満腹になって摂食障害を起こします。更にマイクロプラスチックはその表面にいろいろの化学物質を吸着するため、生物による化学物質吸収を促進してしまう可能性があります。

第10章 環境と高分子

図1 非分解性プラスチックの害

図2 ダイオキシンの発生

塩素化合物 ＋ 有機物

低温燃焼 →

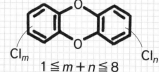

$1 \leq m+n \leq 8$
ダイオキシン

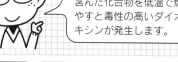

塩化ビニルなどの塩素を含んだ化合物を低温で燃やすと毒性の高いダイオキシンが発生します。

ポイント
- プラスチックは分解しにくいので環境の美観を損ねる。
- 燃やせば二酸化炭素やダイオキシンが発生する。
- 海洋に流れ出たプラスチックはマイクロプラスチックとなる。

10-2 生分解性高分子

高分子の難点の一つは丈夫すぎて分解されない、ということにあります。そこで開発されたのが、環境中の細菌によって分解されやすいという高分子です。

◪ 高分子と細菌

デンプン、セルロース、タンパク質は典型的な高分子ですが、いずれも天然高分子といわれるものです。これらは自然界に放置されれば、腐って消滅してしまいます。したがって、合成高分子を分解されやすい構造に変化させることは難しい話ではありません。

分解する方法はいろいろありますが、開発されたのは微生物によって分解されるもので、一般に生分解性高分子といいます。生分解性高分子は高分子が単位分子に分解されるだけでなく、単位分子が更に細菌によって分解されて、最終的には二酸化炭素と水になるというものです。

いくつかの例を図1にあげました。ポリヒドロキシブタン酸は細菌によって合成される物質です。ですから原料を石油などの化石燃料に頼る必要がありません。細菌によって合成し、不要になったらまた細菌によって分解する、というのはこれから環境と調和する化学にとって一つの方向を示しているものかもしれません。

◪ 強度

当然のことですが、分解されやすいということは耐久性が低いということです。図1に生分解性高分子それぞれの半減期を示しました。短い物では2～3週間で半分になってしまいます。このプラスチックは少なくとも漬物の保存容器には向かないでしょう。

しかし、それぞれ用途はあるもので、このプラスチックは糸にして手術の縫合糸に使われます。この糸は体内で分解されて吸収されてしまうので、抜糸のための再手術が不要であり、患者に負担をかけないというわけです。しかし、耐久力は低いので、心臓や大動脈関係の手術のように、機械的強度を必要とする傷口の縫合に使うことはできません。

今後は生物による分解だけでなく、紫外線によって分解される高分子が出てくると、環境に放置されたプラスチックの問題が解決されるでしょう。

第10章 環境と高分子

図1 生分解性高分子

名称	原料	構造	生理食塩水中半減期	用途
ポリグリコール酸	HO–CH$_2$–C(=O)–OH	–[CH$_2$–C(=O)–O]$_n$–	2～3週間	縫合糸
ポリ乳酸	HO–CH(CH$_3$)–C(=O)–OH	–[CH(CH$_3$)–C(=O)–O]$_n$–	4～6か月	容器 衣類
ポリヒドロキシブタン酸	HO–CH(CH$_3$)–CH$_2$–C(=O)–OH	–[CH(CH$_3$)–CH$_2$–C(=O)–O]$_n$–		釣り糸 漁網

丈夫というのは利点なのですが、高分子の場合、丈夫すぎるというのが裏目に出ることがあるようです。

コラム 石油の起源

　一般に石油は微生物の死骸が分解してできたものと考えられています。これを有機起源説といいます。しかし、石油は地下の無機化合物の反応からできるという無機起源説もあります。この説に従えば石油の量は無尽蔵ということになります。

　最近では惑星ができるときにはその中心に膨大な量の炭化水素ができるのであり、それが石油に変化するという惑星起源説が誕生しています。この説でも石油の量はほぼ無尽蔵となります。

　また、二酸化炭素を石油に換える微生物が発見されています。このような微生物を利用すれば、微生物で石油を作り、それで高分子を作り、最後は微生物で分解するというサイクルが完成しそうです。

- 生分解性高分子は微生物によって分解される高分子である。
- 成分解性高分子には耐久性の低いものもある。
- 天然高分子は一種の生分解性高分子である。

10-3 環境保全と高分子

高分子が環境を汚さないようにするというのでは消極的すぎます。高分子が汚れた環境を浄化するという積極的な例を見てみましょう。

1 イオン交換高分子

環境問題といえば思い出すのは第一、第二水俣病、それと富山県で起きたイタイイタイ病、三重県で起きた四日市ゼンソクです。

そのうち三つまでは重金属イオンである水銀イオン Hg^+（水俣病、第二水俣病）と、カドミウムイオン Cd^{2+}（イタイイタイ病）でした。これらの原因は要するに有害な金属イオン M^{n+} です。このような有害金属陽イオンを他の無害な陽イオンに換えることができるのが陽イオン交換高分子です（図1）。

2 選択的透過膜

高分子フィルムのフィルターで気体の有害成分を除去することができます。先に見たように、高分子は互いに溶解度パラメータの似たものを溶かす、すなわち包含する性質があります。これは高分子のフィルムを分子が透過する場合にもいえます。すなわち、高分子でフィルムを作った場合、そのフィルムを透過できるかどうかはフィルムの分子構造と、透過分子の分子の溶解度パラメータに影響されるのです。

一般にフィルム高分子の結晶性を高くすれば、それを透過できる分子はありません。しかし、その中間の場合にはフィルム高分子の分子特性が影響します。また、高分子の極性が高くなれば、極性分子は透過しますが、非極性分子は透過しにくくなります。

表1はいくつかの高分子フィルムとその酸素透過性を示したものです。

3 高分子凝集剤

河川や湖沼の水を上水道に用いる場合に生じる基礎的条件ともいえるのが水の透明度です。透明度が低いのは水中に非沈殿性の不純物が混入しているのです。この不純物を効率的に除去するのが高分子凝集剤です（図2）。

透明度を落とす元凶はコロイド粒子といわれるものです。これらの存在する中に高分子で作った凝集材を加えると、それを中心にして高分子が凝集し、不純物を沈殿するのです。

第10章　環境と高分子

図1　陽イオン交換高分子の役割

Hg²⁺や Cd²⁺のように重金属イオン Mⁿ⁺には有害なものがあります。イオン交換高分子はこのような有害イオンを除くことができます。

表1　高分子の酸素透過度

名　称	構造式	酸素透過度（相対値）
ポリビニルアルコール	$+CH_2-CH+_n$ $\quad\quad\quad\ \ |$ $\quad\quad\quad\ OH$	1
ナイロン6	$+N+CH_2)_5-C+_n$	280
ポリエチレンテレフタレート（PET）	$+C-\bigcirc-C-O-CH_2CH_2-O+_n$	720
ポリエチレン	$+CH_2-CH_2+_n$	26720（高密度） 116000（低密度）

図2　高分子凝集剤

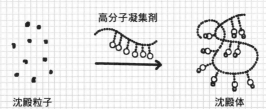

沈殿粒子　　　　　　　　　　沈殿体

●イオン交換高分子は有害な金属イオンを除くことができる。
●高分子のフィルムは有害な物質の気体を排除できる。
●高分子は凝集しにくい不純物を集めて凝集することができる。

131

10-4 エネルギーと天然高分子

高分子は物体のプラスチックとして人類に貢献するだけではありません。私たちが生きている生命エネルギーは高分子に頼っているのです。

1 太陽エネルギーの保存と変換

地球上に現在のような生命体が存在するのは、恒星の一種である太陽のおかげです。太陽は水素原子をヘリウム原子に変換するという原子核反応を行い、そのエネルギーを熱、光エネルギーとして地球に送ってくれます。

そのエネルギーを最初に受け取るのが植物です。植物は太陽の光エネルギーを用いて、二酸化炭素と水を原料として天然高分子である糖類を作ります。つまり、デンプン、セルロースなどの糖類は太陽エネルギーの缶詰なのです。

草食動物はこのデンプンを食べ、消化、代謝して生命活動を担うエネルギーを獲得します。肉食動物はその草食動物を食べてエネルギーを得ます。つまり、全ての生物は植物が光合成によって作り出した糖類という高分子によってエネルギーを得ているのです（図1）。

2 化石燃料

現代社会は石油、石炭などの化石燃料の上に成り立っているといわれます。化石燃料を燃やして出る燃焼エネルギーを電気エネルギーなどに変換して社会システムを動かしているのです。

化石燃料とは何でしょう？　石油の有機起源説に従えば、化石燃料は太古の生命体、すなわち有機高分子が地圧、地熱によって変性したものということになります。すなわち、化石燃料を使うということは太古の高分子の亡骸を使うということであり、高分子の呪縛から離れることはできないのです（図2）。

しかし、化石である限り、その埋蔵量には限度があります。現在のペースで消費し続けると、今後、深刻なエネルギー不足に陥りそうです。

第10章 環境と高分子

図1 太陽エネルギーの保存と変換

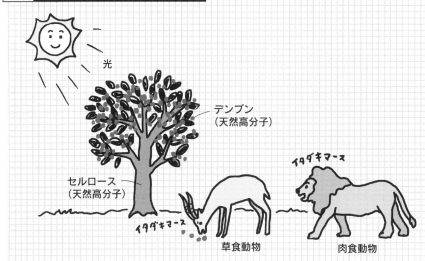

図2 化石燃料は太古の高分子

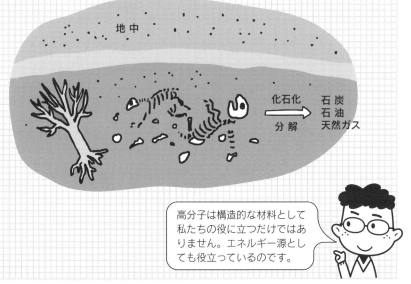

> 高分子は構造的な材料として私たちの役に立つだけではありません。エネルギー源としても役立っているのです。

- 植物は太陽エネルギーを天然高分子として蓄える。
- 化石燃料は天然高分子が化石化、あるいは分解したものである。
- 化石燃料の埋蔵量には限界がある。

133

10-5 エネルギーと合成高分子

人類はエネルギーを化石燃料にだけ頼ることはできません。新しいエネルギー源を得るために各種の試みがなされ、合成高分子もそれに貢献しています。

1 固体高分子型燃料電池

水素燃料電池というのは、水素ガス H_2 を酸素 O_2 と反応して燃焼させ、その際に発生する燃焼エネルギーを電気エネルギーに換える装置です。

図1は水素燃料電池の模式図です。水素ガス H_2 は負極でプラチナ Pt 等の触媒によって水素イオン H^+ と電子 e^- に分解します。H^+ は電解質溶液中を通って陽極に達します。一方 e^- は外部回路（導線）を通って陽極に達します。この e^- の移動が電流になるわけです。

陽極に達した H^+ と e^- は再結合して水素原子、水素ガスとなり、触媒の力で酸素と反応して水 H_2O となるのです。

この方式では電解質溶液という液体を使います。しかし液体を使うと取扱いに不便です。そこで登場するのがイオン交換型高分子のフィルムです。このフィルムはイオンは通しますが電子は通しません。そのため、固体型の水素燃料電池ができるのです。

2 高分子型有機薄膜太陽電池

現行の汎用型太陽電池のほとんど全てはシリコン Si を用いたものです。シリコンに少量の不純物を混ぜて p 型半導体と n 型半導体とし、これらと電極を重ねたものが太陽電池です（図2）。

しかし太陽電池に使うシリコンは高純度のものが要求され、価格が高くなります。そこで開発されたのが有機物を使う有機薄膜太陽電池です。ここでは p 型半導体、n 型半導体それぞれを有機物で作ります。すると製造が容易になり、価格が下がり、しかも軽量、柔軟とメリットがたくさんでてくるのです。

ここで高分子が活躍するのは p 型半導体です。図3に示したような各種の高分子半導体が使われています。目下のところ、有機系太陽電池の発電効率はシリコン型に劣りますが、それを補うだけのメリットがあるため、すでに市販され、各所で使用されています。

第10章 環境と高分子

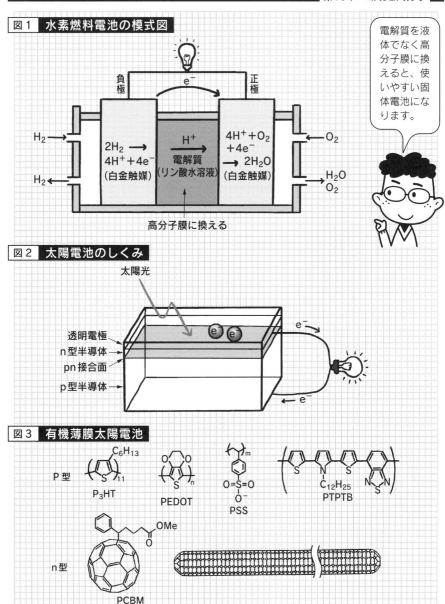

- 固体高分子型水素燃料電池では電解質溶液の代わりに高分子フィルムを使って電池の固体化を図っている。
- 有機薄膜太陽電池ではp型半導体を高分子で作っている。

10-6 3Rと高分子

多くの高分子は石炭、石油などの化石燃料から作ります。限りある化石燃料を有効に使うためには Reduce、Reuse、Recycle の3R に気を配ることが大切です。

１ マテリアルリサイクル

リデュース（減少）はゴミの量を減らそうということです。不要なものを使わず、ものを大切に使えば、ゴミの量は減ります。リユースは再使用です。ビール瓶のように繰り返し使えるものはそうしようということです。リサイクルは製品を原料に戻して再利用しようというものです（図1）。

リサイクルには3種の方法があります。高分子に限って説明すれば、これはプラスチック製品を元のプラスチック原料に戻して再加工し、新たな製品にするということです。廃プラスチックからプランターを作るようなものです。

しかし混合物のプラスチックから良質のプラスチック原料を得ることは難しく、製品の品質は落ちざるをえません。

２ ケミカルリサイクル

高分子であるプラスチックを化学的に分解して単位分子に戻し、改めて高分子化させるというものです。分解にも再合成にも多くの溶媒、試薬、エネルギー、労力が必要であり、現実的ではないようです。

３ サーマルリサイクル

廃プラスチックを燃やして、そこで発生するエネルギーを有効に使おうという考えです。最も原始的で最も単純な考えですが、それだけに最も現実的な考えです。

問題は発生するエネルギーの有効利用です。現在では熱エネルギーは、高熱であればあるほど有効に利用できます。そこでもっと低い温度のエネルギーを有効に使う技術が開発されれば、サーマルリサイクルは盛んになるでしょう。

プラスチックを燃やせば二酸化炭素が発生しますが、プラスチックを燃料にすればその分、化石燃料の燃料としての使用量が減るわけですから、結局同じということもできます。

136

第10章 環境と高分子

図1　3Rと高分子

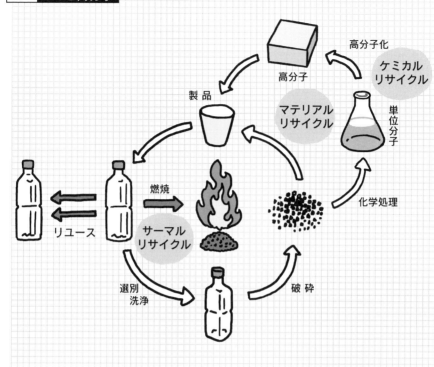

サーマルリサイクルは廃プラスチックを燃やしてその熱を利用するという考えです。簡単には、その熱でお湯を沸かし、温水プールや暖房に使うことができるでしょう。工夫をすれば、発電に利用することも可能でしょう。火力発電では水蒸気の圧力を利用しますが、沸点の低い有機溶媒を用いれば、もっと低温での発電が可能になりそうです。

- 資源保護にはリデュース、リユーズ、リサイクルが重要である。
- マテリアルリサイクル、ケミカルリサイクル、サーマルリサイクルがあるが、高分子の場合、現実的なのはサーマルリサイクルである。

〔参考文献〕

エッセンシャル高分子科学　中浜精一他　講談社（1988）

機能性プラスチックのキホン　桑嶋幹、久保敬次　SB クリエイティブ（2011）

図解でわかるプラスチック　澤田和弘　SB クリエイティブ（2008）

生体高分子　井上祥平　化学同人（1984）

絶対わかる高分子化学　齋藤勝裕、山下啓司　講談社（2005）

高分子化学　齋藤勝裕　東京化学同人（2006）

図解雑学　超分子と高分子　齋藤勝裕　ナツメ社（2006）

わかる×わかった！高分子化学　齋藤勝裕、坂本英文　オーム社（2010）

へんなプラスチックすごいプラスチック　齋藤勝裕　技術評論社（2011）

新素材を生み出す「機能性化学」がわかる　齋藤勝裕　ベレ出版（2015）

【著者紹介】

齋藤　勝裕（さいとう　かつひろ）
1945年生まれ。1974年東北大学大学院理学研究科化学専攻博士課程修了。
現在は愛知学院大学客員教授、中京大学非常勤講師、名古屋工業大学名誉教授など
を兼務。
理学博士。専門分野は有機化学、物理化学、光化学、超分子化学。
著書は「絶対わかる化学シリーズ」全18冊（講談社）、
「わかる化学シリーズ」全14冊（オーム社）、『レアメタルのふしぎ』『マンガでわか
る有機化学』『マンガでわかる元素118』（以上、SBクリエイティブ）、
『生きて動いている「化学」がわかる』『元素がわかると化学がわかる』（以上、ベ
レ出版）、『すごい！iPS細胞』（日本実業出版社）、『数学フリーの「物理化学」』『数
学フリーの「化学結合」』『数学フリーの「有機化学」』（以上、日刊工業新聞社）な
ど多数。

数学フリーの「高分子化学」

NDC 431.9

2016年11月22日　初版1刷発行

定価はカバーに
表示してあります

ⓒ　著　者	齋藤　勝裕	
発行者	井水　治博	
発行所	日刊工業新聞社	
	〒 103-8548	
	東京都中央区日本橋小網町 14-1	
電　話	書籍編集部　03（5644）7490	
	販売・管理部　03（5644）7410	
ＦＡＸ	03（5644）7400	
振替口座	00190-2-186076	
ＵＲＬ	http://pub.nikkan.co.jp/	
e-mail	info@media.nikkan.co.jp	
印刷・製本	美研プリンティング㈱	

落丁・乱丁本はお取り替えいたします。　　　　2016 Printied in Japan

ISBN978-4-526-07630-5　C3043

本書の無断複写は、著作権法上での例外を除き、禁じられています。